了不起的数学

[日] 永野裕之◎著　高钰洋◎译

北京日报出版社

图书在版编目（ＣＩＰ）数据

　　了不起的数学 ／（日）永野裕之著；高钰洋译．--
北京 ：北京日报出版社，2021.6
　　ISBN 978-7-5477-3956-3

　　Ⅰ．①了… Ⅱ．①永… ②高… Ⅲ．①数学—普及读
物 Ⅳ．① O1-49

　　中国版本图书馆 CIP 数据核字（2021）第 067011 号
　　北京版权保护中心外国图书合同登记号：01-2021-1627

了不起的数学

出版发行：北京日报出版社

地　　址：北京市东城区东单三条 8-16 号东方广场东配楼四层

邮　　编：100005

电　　话：发行部：（010）65255876
　　　　　　总编室：（010）65252135

印　　刷：天津创先河普业印刷有限公司

经　　销：各地新华书店

版　　次：2021 年 6 月第 1 版
　　　　　　2021 年 6 月第 1 次印刷

开　　本：710 毫米 ×1000 毫米　　1/16

印　　张：16

字　　数：210 千字

定　　价：49.80 元

"如果数学不美，恐怕数学本身就不会产生了。它将人类的绝世天才们吸引得神魂颠倒，除了美之外还有什么能拥有这么强大的能量呢？"

——彼得·伊里奇·柴可夫斯基
（1840—1893）

请思考下面这个问题：

在日本横滨市内，是否存在头发数量完全相同的两个人？

（注：日本横滨市人口大概有 350 万人，一个人的头发最多有 15 万根。）

乍一看这个问题，肯定有人会说："头发的数量根本就数不清，怎么可能有答案？" 当然，肯定也会有人认为存在这样的两个人。

据说一个正常人每天掉落的头发有近 100 根。如果将用放大镜才能观察到的头发的数量也考虑在内的话，确实很难断言一个人的发量。即使远看是光头的人，在放大镜之下也不一定没有一根头发。

同时我们也能理解人们认为"有"的心理，这是一种没有确凿证据的直觉，他们可能会认为即使头发的数量数不清楚，但是 350 万人之中总会有两个人发量一样吧。

但是，如果我们使用数学方法加以解释，不论是难以数清的头发根数问题，还是难以佐证的直觉问题，都会迎刃而解。我们可以得出一个确定的答案：存在头发数量完全相同的两个人。而且，我们可以拍着胸脯说："日本横滨市内 100% 存在头发数量完全相同的两个人。"

　　为什么呢？这就是数学中的鸽巢原理在发挥作用。用晦涩的语言解释"鸽巢原理"，即"正整数 n 为元素，$n+1$ 个元素放到 n 个集合中，其中必定有一个集合至少有两个元素。"听起来晦涩难懂，其实原理非常简单。

　　打个比方来说，假设有 4 只鸽子、3 个鸽巢，鸽子全部进入鸽巢时，一定会有一个鸽巢中存在两只（或以上）鸽子。鸽巢原理简单来说就是这个道理。使用这个原理，我们就可以推断"5 人中一定存在相同血型的人""13 人以上在一起，一定有相同月份出生的人"。

　　我们再来看开篇的问题，我们可以想象将 350 万人的头发数量做上标记，"0 根""1 根"……"15 万根"，然后放入同样标记"X 根"门牌的房间中。

【鸽巢原理很简单】

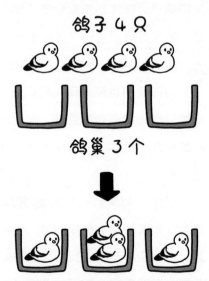

鸽子 4 只

鸽巢 3 个

一定会有 1 个鸽巢里有 2 只（或以上）鸽子存在的情况。

这样一来（房间总数少于人数），一定会有两人（或以上）进入同一个房间。同一房间内的两人（或以上）就是拥有相同头发数量的人。

写到这里，大概会有人跳出来反驳我了："不对，不确定每个人的头发数量，根本就不知道应该让哪个人进入哪个数字门牌的房间，这个前提不成立。"这么说也不无道理。但是，即使不能确定每个人的头发数量，也一定存在某一头发数量在 0~15 万根的人，而这个人一定会进入同样数字门牌的房间（也许，你可以想象命运让他们每个人都进入正确的房间）。无论如何，都一定会出现待在同一房间内的人。

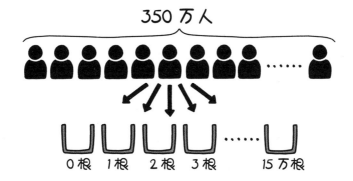

【无论如何，都会有人待在同一房间。】

350 万人

0 根　1 根　2 根　3 根　15 万根

鸽巢原理虽然简单至极，但是应用广泛。东京大学、京都大学、早稻田大学、庆应大学等日本一流大学的入学考试以及奥数比赛中经常会出现使用这个原理解答的试题。

除此之外，数学原理在国家战略规划、企业决策等过程中也发挥着重要作用。

随着计算机技术和机器学习（与人类的学习活动相同，机器也会进行"学习"活动）技术的发展，包含人类喜好、感情等所有可掌握的信息都变成了数值，形成了可以进行数学统计分析的"大数据"。人们可以根据大数据进行前景预测和判断，这种数据已经成为国家、企业做重大决策时的重要参考。

数学的力量是多元的，它给予我们解决问题的能力，赋予我们逻辑思维能力和判断能力，它的应用范围小到普通的"头发问题"，大到国家战略决策问题。它的普遍适用性，是其他学科所无法匹敌的。

数学还可以作为表达宇宙定律的一种"语言"。再复杂的科学定律，都可以用一行公式简明扼要地表达。近代实验科学奠基人之一，意大利人伽利略·伽利雷（1564—1642）开创了利用数学工具对实验结果进行推演分析的科学方法，提出"自然界伟大的书是用数学语言写成的"。

日本昭和时代的著名数学家冈洁（1901—1978）曾说："数字是可以照亮黑暗的光明，在白天我们不需要它，然而在现在，我们需要它。"的确，越是追求改革的时代，越是追求数学的力量。当先人之见、旧时之习不在时，数学总是拥有绝对"正确"的力量。

实际上，从古埃及、古希腊时期开始，数字一直给人类社会带来变革。它推动历史更迭、知识更新，促进了一个又一个新时代的产生。

追溯数学的历史，可以看到沉浮于时代，被世人视为怪人的数学家们的身影。他们天赋异禀、才能过人，能够挖掘普通人无法看透的深刻问题。他们努力拼搏、不断创新，承受着世人的不理解甚至侧目，不断交出"真理"的答卷。了解他们，可以了解数学作为"人类智慧结晶"的历史演变过程，也可以从看似冰冷的公式中体味其背后令人热血沸腾的故事。

数学不单纯是理性思维的产物，它也是感性思维的结晶。

不论是大自然，还是艺术作品，我们人类感受到美的背后，总是存在着数学的原理，数学是我们感动的根源。黄金比例、音乐音阶、雕刻、建筑等的基础原理，都来自数学。

归根结底，数学自身是最美的。

为世人所知的《天鹅湖》《胡桃夹子》等作品的作曲者彼得·柴可夫斯基曾经这样说过：

"如果数学不美，恐怕数学本身就不会产生了。它将人类的绝世天才们吸引得神魂颠倒，除了美之外还有什么能拥有这么强大的能量呢？"

我完全同意他的说法。

本书分为 6 个章节，将从不同角度尽力为读者呈现数学作为一门学科所具有的了不起的价值和魅力。

第 1 章 了不起的公式——用数字记录世界。

第 2 章 了不起的天才数学家——奇人的极限抽象思维。

第 3 章 了不起的艺术性——充满感性的数学之美。

第 4 章 了不起的方便——现代社会的技术支撑。

第 5 章 了不起的影响力——世界史中的数学。

第 6 章 了不起的运算——印度式数学、方便的心算、数学谜题。

下面，我简单介绍一下我自己。

鄙人毕业于东京大学理学部地球行星物理专业，后进入日本宇宙科学研究所（现 JAXA）攻读研究生学位。中途离校，在探索未来之时，也尝试过经营餐厅，最终选择心仪的人生目标——成为一名古典乐指挥。曾赴维也纳求学，归国后以乐队指挥为生。婚后有子，机缘之下成立了永野数学私塾，开始了小班制数学辅导工作，学生年龄分布广泛。

虽然人生起伏，经历数业，但始终未曾远离数学之本。

物理学中数学公式是比语言更有力的雄辩之词，宇宙真理永远不会违背数学的合理性；经营管理中，基于数据的数学判断是家常便饭；音乐之美的合理性可以从数学中发现；而现在，一对一辅导、执笔写书更是在传播数学的意义。

本书中每一个故事都是独立章节，读者朋友可以根据目录，选择自己喜欢的内容阅读。这本书其实读起来很轻松，所以开卷前请不要有畏难情绪。

　　就像人们对音乐、美味的喜好不同一样，享受数学的方式也不是唯一的。无论在哪个领域、哪个层面，数学都能散发出了不起的魅力。这便是内含深意的数学。

永野裕之

目　录

第 1 章

3不起的公式

负数——数学界的转型 / 002

你能想象"1兆"的概念吗？ / 008

爆炸式增长的幂运算 / 013

不可思议的整数 / 022

质数的未解之谜 / 029

第 2 章

3不起的天才数学家

欧美精英必读经典《几何原本》和

欧几里得的秘密 / 036

拥有最强大脑的男人和博弈论 / 043

印度魔术师令人惊叹的灵光一现 / 050

发现无穷的数学家背后的故事 / 057

证明不完全性定理的完美主义者 / 066

第 3 章

3不起的艺术性

数学的美来自内在的快感 / 076

毕达哥拉斯与数秘术 / 084

数学的前身是音乐、天文学？ / 089

欢迎来到曲线博物馆 / 096

平面密铺瓷砖中的数学问题 / 106

第 4 章

了不起的方便

石头计数与丰臣秀吉的绳子 / 116

费米估算与"估算" / 124

首位出现最多的数字 / 132

寻找有效信息的方法 / 140

统计学改变国家制度 / 146

第 5 章

了不起的影响力

用 N 进制解决大数字 / 154

科学的依据——纳皮尔常数 / 163

人类对圆周率的探索 / 173

虚数和量子计算机 / 182

第 6 章

了不起的运算

用幻方锻炼大脑 / 192

你知道万能天平吗？ / 200

把双手变成计算器的方法 / 211

两位数相乘的快速心算法 / 220

"＋、－、×、÷"是何时诞生的呢？ / 227

结语 / 235

第1章

了不起的
公式

负数——数学界的转型

乌鸦和蜜蜂竟然也会数数！

19 世纪德国著名数学家克罗内克（1823—1891）曾说："上帝创造了整数，其余都是人做的工作。"

据相关研究表明，1、2、3……这样的数字，不仅人类会数，动物也会数。

德国图宾根大学的研究表明，乌鸦可以完成"时间差对照实验"：在乌鸦面前放置两个电脑屏幕（样品组和测试组），屏幕上分别呈现两张带不同数量圆点的图片，先让乌鸦观看样品组的图片，然后停顿一秒钟，再让乌鸦观看测试组的图片，当两组图片中圆点数量相同时，乌鸦会去啄显示屏，此时乌鸦能够得到食物。让乌鸦参与实验后，乌鸦不仅能够理解实验的意图，且仅在两张图片中的圆点数量相同时去啄显示屏。

澳大利亚昆士兰大学的研究表明，蜜蜂也会数数。实验人员在隧道中做若干记号，随机在某个记号（比如 3 号）处放置花蜜，然后让蜜蜂多次通过隧道。实验结果表明，即使隧道中没有花蜜、只有记号，蜜蜂依旧会在 3 号记号附近聚集。

当然，考虑到蜜蜂有可能通过记号与入口的距离做出判断，实验人员改变了记号与记号之间的距离，继续让蜜蜂穿过隧道，而蜜蜂依旧会在 3 号记号处聚集，这一点引起了大家的广泛兴趣。

还有其他的案例，比如杜鹃。杜鹃繁衍时将自己的蛋下在黄莺的巢穴中，让黄莺孵化，这时，杜鹃每下一个蛋，都会将黄莺的蛋扔掉一个。

被称为"假数"的负数

负数的概念是人类发明的"新数字"概念之一，负数指比 0 小的数。早在公元 2 世纪的中国数学书和公元 7 世纪前半叶的印度数学书中，就可以看到负数的相关演算。

特别是在公元 7 世纪的印度，商人会将"10 万的借款"记录为"负 10 万的收益"，这种记录方法在商业中被广泛运用。

而欧洲数学家开始接受负数的存在是在 17 世纪以后。以"我思故我在"闻名世界的笛卡尔（1596–1650），曾把通过方程式解出的负数称作"假数"。

直至 18 世纪，还有许多数学家无法理解负数的概念。

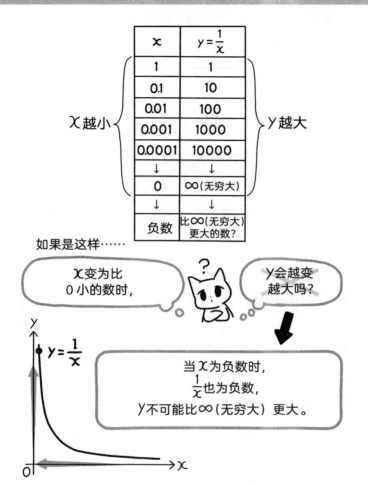

莱昂哈德·欧拉（1707—1783）是一名天才数学家，据说他"计算时毫不费力，就像人呼吸或者鹰在空中盘旋一样"。然而即便这样一位天才，也不可避免地犯了一个"错误"：他认为在 $y = \frac{1}{x}$ 的计算中，当 x 为正数时，x 越接近 0，则 y 的值越大；而负数比 0 小，那么当 x 为负数时，y 将趋于无穷大。

你能想象"负3个面包"是怎样的画面吗?

为什么西欧的数学家们强烈抵制将负数纳入数学的范畴呢?为什么他们在遇到负数时会产生误解?

这是由于负数是没有办法被直观感受的数字。无须多言,我们无法将"负3个面包"放在眼前展示。通常,人们难以接受无法想象的事物。

然而,如果使用负数,就可以将两个相反的事物放在同一个概念中进行思考。例如,假设某公司某月收入300万日元,支出100万日元,如果不能使用负数计算,就必须要考虑收和支两个不同的概念,如若每个月的盈亏状况不等,计算便会十分复杂。

将完全相反的两个概念放在同一概念中思考

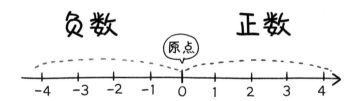

有了负数,0(原点)就变得像挑担偶人的支点一样。

相反,如果用"负100万日元"表示支出100万日元,以收支的转折点为原点,那么就可以在同一条数轴上计算收支的差值。将两个相反的概念放在一个概念中思考是引入负数概念的重要优势。

有了负数，"0"不再是数轴的端点，而变成了原点，这一变化也有着重大意义。据此，"0"将不仅仅表示"无"，它也可以表示正负数同时存在时的平衡点。

人造卫星和两名相扑运动员

我们都知道，人造卫星相对于地球静止。这种现象的产生，不是因为卫星没有受到力的作用，而是因为它所受的引力和离心力大小相等。

此外，原子之所以呈中性，是因为原子核的正电荷跟核外电子所带的负电荷数量相等，如果这一平衡被打破，便会产生阴阳离子。

在相扑比赛中，时常看到两名运动员在场地中央四手相缠、抱作一团，看着像是静止一般。他们当然不是在休息，而是两名运动员互相作用在对方身上的力大小几乎相等，所以画面看上去像是静止一般。物体受到大小相等、方向相反的力后保持静止，看上去就像没有受到力的作用一样，是因为方向相反的两个力相互抵消掉了。

通过引入负数的概念，将"0"当作原点，能够发现看似平静的现象的真实情况，比如可以考虑到大小相等、方向相反的力相互抵消的可能性。同时，也可以将"0"看作是某种不平衡发生的前兆。就如我们亲眼看见的现象——原本抱成一团的相扑运动员在下一秒就突然打破了平衡的状态——一样，其中一方被另一方推出了场外。

人际关系也是同样的道理。假设现有一对夫妇，他们的关系十分稳定，那么他们应该是彼此为对方着想，才让爱情的天平处于平衡状态。如果其中一方想当然地认为这种稳定是伴侣给予自己的"无偿的爱"，而不再为对方考虑，那么最终很有可能会让天平失去平衡。

"负数"为隔音降噪技术作出了重要贡献

如果能够通过概念，而不是仅仅依靠现实了解事物，人们的思考将实现飞跃式的进步。通过建立和细化一个抽象的概念，可以帮助我们进一步了解世界。其实，除了自然科学领域以外，在经济学、社会学等学术领域以及我们的日常生活中，都存在诸多只能用负数才能描述的事物。

例如，降噪耳机的原理就是，让鼓膜振动的振幅和麦克风吸收的外界声音的振幅方向相反，正负抵消，从而实现降噪的效果。降噪耳机并非将人耳和外界声音简单地阻隔开来，因此，其静音效果要远远优于物理降噪的效果。

在降噪耳机的帮助下，人们可以在地铁上和工地附近欣赏美妙的音乐，这种技术的实现正是得益于负数概念的建立。

人类所创造的负数，对我们的生活带来了深远的影响，可以称作数学界最重要的一次范式转移（这个名词用来描述在科学范畴里，一种在基本理论上对根本假设的改变。这种改变，后来亦应用于各种其他学科方面的巨大转变——编者注）。

你能想象 "1 兆" 的概念吗？

如何计算每天离婚的人数？

据日本厚生劳动省《人口动态统计年度推算》数据显示，2018 年约有 20.7 万对夫妻离婚。你如何看待这组数字？或许大家会有各种想法："真的吗？""这也太多了吧！""比我想象的少。"

如果同学聚会时见到了许久未见的高中朋友，他对你说："我已经离了 3 次婚了。"这时你会怎么想？听到数字 "3"，你可能会和自己、朋友以及亲戚的婚姻状况作比较，又或者会想到未婚率的增加正逐渐成为社会问题，而最终，你会得出结论，觉得朋友离婚次数 "太多" 了。

对于离婚次数 "3" 的评价基本能够达成一致，但面对数字 "20.7 万"时，人们却反应不一，我认为这是由于人们很难真实地体会到数字的内涵。

我们经常会用到一个词——"每天"。我们可以用 20.7 万除以 365 天，得到 2018 年平均每天约有 567 对夫妻离婚。再用 567 除以 24 小时，可以得出每小时约有 24 对夫妻离婚。以此类推，每分钟约有 0.4 对夫妻离婚，也就是说在日本，几乎每 2.5 分钟就有 1 对夫妻离婚。"20.7 万对"带给人的感觉是抽象模糊的，但"每 2.5 分钟 1 对"就能让大多数人清晰地感知到数字所代表的现实意义。

用不同的方法感受"1 兆"的概念

一般来说，数字越大，人们越难理解其内涵。

例如，1 兆。你能否准确地想到它的含义？通常我们只会在表示国家财政预算（日本的一般预算收入约 100 兆日元）或是细胞数量（人体内细胞总数约为 60 兆个）中见到"兆"，平时基本上不会接触，且基本上不会见到数以兆计的物体，因此难以想象出"兆"的规模也是情有可原的。

我们不妨先来完成一个小目标，算一算从 1 数到 1 兆需要多长时间。1 小时等于 3600 秒，故 1 天约等于 9 万秒。假设每秒数 1 个数（不考虑位数增多、时间变长的情况），那么粗略估算一下，每天大约可以数 10 万个数字，1 年可以数到 3650 万，3 年后差不多可以数到 1 亿。因为 1 兆等于 1 万亿，所以数到 1 兆大约需要 3 万年。而距今 3 万年前，尼安德特人灭亡了。如此一算，很多人都能切身感受到数到 1 兆所需的时间之久。

距今约 1 兆秒以前，尼安德特人灭亡，有了这层意义，我们就能直观地感受到 1 兆这个数字到底有多庞大。只要赋予难以想象的庞大数字以特殊的意义，我们便能清晰地了解数字的含义。而为了赋予数字意义需要使用到的则是表示单位数量多少的一些概念，比如前文使用的"每"。

在这里，我想利用表示单位数量的概念，给"1 兆"增加不同的意义。

例如，用 1 兆除以地球的周长（约 4000 万米），可知 1 兆米约是地球周长的 2.5 万倍。

再试试用 1 兆除以地球到太阳的距离。地球到太阳的距离叫作 1 个天文单位，约等于 1500 亿米，故 1 兆米约为日地距离的 6.7 倍。

现在试着用 1 兆次除以一个人一生心脏跳动的总次数。一般来说，哺乳类动物一生心脏约跳动 20 亿次，而在日本，由于老龄化进程加速，所以平均每个人一生的心脏跳动次数约为 30 亿次。因此，1 兆次约为 333 个人一生的心脏跳动次数之和。

数字达人史蒂夫·乔布斯

想要有力说服他人的时候，使用单位概念赋予数字意义是一种绝佳的方法。

如果现在就谁最擅长公众演讲进行问卷调查，估计高居第一位的依然会是在 2011 年已逝世的史蒂夫·乔布斯先生。乔布斯在介绍苹果公司的产品时，总能吸引人们的眼球，尽管众人从不同视角分析他的演讲方法，但总会不约而同地提及他善用数字的特点。

在 2008 年度的苹果产品发布会上，乔布斯介绍了初代 iPhone 发售后 200 天内卖出了 400 万部的销量情况。"400 万"的确是一个天文数字，但是数字过大，反而让人们无法体会其含义。乔布斯当即补充解释了这一数字的意义：平均每天卖出 2 万部。这一句点睛之语，让现场观众瞬间理解了"400 万"的内涵。这一经典场景事后经常被提及，许多读者应该有所耳闻。

2001 年苹果公司发布了初代 iPod（音乐播放器），它的卖点是体积小、内存大，重量仅 185 克，内存空间却达到了 5GB。虽然人们都知道 B（比特）代表数据存储单位，但很少有人能够立刻理解 5GB 容量的意义。于是，乔布斯解释道：1 首歌曲的容量约为 5MB，1G 约是 1M 的 1000 倍，5GB 意味着"将 1000 首歌曲装进口袋"。他的比喻让听众瞬间理解"5GB"的意义。

成为数字强者的三大条件

为了便于理解大数字的概念，惯用法是将大数缩小。

日本财务省在 YouTube 官网发布的名为"如果将日本财政比作家庭财务状况，债务是多少"的视频就是一个典型案例。视频中介绍，日本一年的财政收入为 59.1 兆日元，除去国债，财政支出为 74.4 兆日元，国债为 23.3 兆日元，公债累计 883 兆日元。如果用月收入 30 万日元（税后工资）的家庭收支情况打比方，那么就相当于该家庭每月生活费为 38 万日元，本息在内需还款 12 万日元，需还贷款总额为 5373 万日元。

如果想要感受太阳系之大，可以将太阳系比作东京巨蛋（东京巨蛋为位于日本东京文京区的一座体育馆，直径约 200 米，拥有 55 000 个座位——编者注）。这时，地球的直径相当于一个高个子男性的身高（约 180 厘米）。假设太阳在东京巨蛋（东京都水道桥）的位置，地球则相当于位于日本东京都小金井市内的东小金井站和武藏小金井站之间（约 21 千米）。

在同一假设条件下，太阳系最大的行星——木星的直径相当于 7 层楼高（约 20 米），位置在日本山梨县甲斐市的中央本线龙王站附近（约 111 千米）。

同样，最远的行星海王星的直径约等于小型公交车的车长（约 7 米），位置接近日本山阳新干线广岛站（约 673 千米）。

2001 年，视频《假如地球是一个 100 人的村庄》风靡全球，日本甚至有相关书籍和电视节目。因为采用了以小见大的方法，视频内容通俗易懂。感兴趣的读者可以上网搜一下。

如果太阳和东京巨蛋一样大

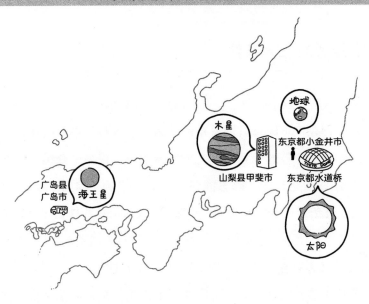

所谓的数字强者，指的是同时具备以下三个条件的人：

①擅长比较数字。

②自己创造数字。

③掌握数字的意义。

利用单位数量的概念，将大数字缩小，具备这样的能力，不仅可以直接帮助我们掌握①和②的能力，还能增强③的能力。做到以上三点，你就能成为公认的"数字强者"。

爆炸式增长的幂运算

让丰臣秀吉措手不及的运算

日本战国时代的武将丰臣秀吉，智慧过人，却不擅长阅读写作，因此他身边围聚许多被称为"御伽众"的家臣，为他讲授学问和经验。其中一位名为曾吕立新左卫门，他不仅是制作刀鞘的名匠，还是日本落语（日本传统曲艺形式之一——编者注）的鼻祖，所以世间流传诸多与他相关的哲理故事。

有一天，丰臣秀吉决定嘉奖新左卫门，于是便问他想要什么奖赏。新左卫门想了一会儿答道："请第 1 天给我 1 粒米，第 2 天给我 2 粒，第 3 天 4 粒，第 4 天 8 粒，像这样依次递增，从 1 粒开始，成倍增加，持续 1 个月的时间。"丰臣秀吉当即同意，说道："要的也太少了啊。"然而随着时间流逝，丰臣秀吉渐渐意识到自己的承诺难以实现，并为此苦恼不已。

数量增长速度出人意料的米粒

天数	米粒数量	参考
1	1	
2	2	
3	4	
4	8	
5	16	
6	32	
7	64	
8	128	
9	256	
10	512	
11	1024	
12	2048	一碗米（约60g）≈ 2600 粒
13	4096	
14	8192	1 合（150g）≈ 6500 粒
15	16 384	
16	32 768	
17	65 536	
18	131 072	3kg ≈ 130 000 粒
19	262 144	
20	524 288	
21	1 048 576	
22	2 097 152	1 袋（60kg）≈ 2 600 000 粒
23	4 194 304	
24	8 388 608	
25	1 677 216	
26	33 554 432	
27	67 108 864	
28	134 217 728	
29	268 435 456	
30	536 870 912	200 袋 ≈ 520 000 000 粒

事实上，按照新左卫门的要求，即使过了 2 周，也只需提供 8192 粒米，比 1 合（150 克，约 6500 粒）稍多，但 1 个月后却要提供 5.2 亿粒，约 200 袋（12 吨）这一惊人的数量。意识到这一情况后，丰臣秀吉只好慌忙改换了其他的奖赏。

如果将报纸对折 42 次……

相同的数连续相乘被称为幂运算，随着指数增大，乘积会在某一转折点开始突然爆炸式增加。

例如，可以试着计算一下报纸折叠后的厚度。假设一张报纸厚 0.1 毫米，那么对折 n 次后的厚度即为 0.1×2^n 毫米。用这一公式来计算，折叠 10 次后厚度仅为 10 厘米，而折叠 14 次后厚度就能超过成年女性的平均身高（约 164 厘米）。

接下来的增长会更加迅速。折叠 30 次后厚度能达东京到热海的距离（约 107 千米），更令人吃惊的是，只需折叠 42 次就能超过地月距离（约 38 万千米）。当然，实际折叠过程中由于纸张长度受限，不可能折叠这么多次。但想必通过计算，你已感受到了幂运算的爆炸式增长。

截然不同的单利和复利

拓展幂运算，便是我们高中学习过的指数函数。指数函数与我们的生活息息相关，其中和生活最贴近的就是利息计算的复利法。

复利法指的是"在计算利息时，某一计息周期的利息是由本金加上先前周期所积累利息总额来计算的计息方式"。而单利法则是指"仅按本金计算利息，上期本金所产生的利息不计入下期本金计算利息的计算方式"。

假设本金为 100 万日元，年利率为 10%，那么使用单利法和复利法计算 1 年后的本息之和都是：

$$100 \text{ 万日元} + 100 \text{ 万日元} \times 10\% = 110 \text{ 万日元}$$

但是，从第二年开始，二者结果将出现差异。使用复利法计算，须计算一年后本息和 110 万日元产生利息，所以两年后的本息和为：

$$110 \text{ 万日元} + 110 \text{ 万日元} \times 10\% = 121 \text{ 万日元}$$

而使用单利法时，只有初始本金产生利息，所以两年后的本息和为：

$$110 \text{ 万日元} + 100 \text{ 万日元} \times 10\% = 120 \text{ 万日元}$$

可能你会认为"不就差了 1 万日元吗"，但再过几年，差距将会非常明显。

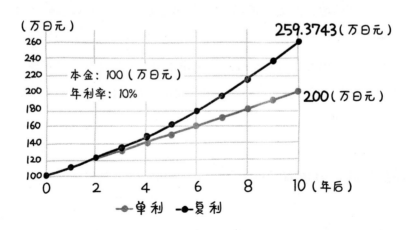

复利和单利的比较

以上图表展现的是本金 100 万日元、年利率 10%、存期 10 年的情况下，复利和单利的增长变化。可以看出，最初几年二者几乎相差无几，但

10 年后，二者相差了约 60 万日元。因为使用复利法计算时，是用最初的 100 万日元乘以 1.1 的幂次方，而使用单利法计算，则是用 100 万日元加上每年的利息 10 万日元。

当然，因为现在（2020 年）是超低息时代，所以银行存款年利率最高也不超过 0.3%（日本网银的定期存款）。这种情况下，将 100 万日元存进银行 10 年，按复利法计算结果为 103.408 万日元，单利法计算结果是 103 万日元，仅仅相差 408 日元。

等比数列般增加的人口数量

使用指数函数不仅能够计算复利，还可以描述许多社会和自然现象。

18 世纪末至 19 世纪初有一位知名的英国经济学家、牧师，他就是马尔萨斯（1766–1834）。马尔萨斯在其著作《人口原理》中预测："今后，人口将如等比数列般增加，而食物则是按等差数列的状态增长，所以最终人类将面临食物危机。"

这里提到的"等比数列"指的是一串数字中，后一个数和前一个数之比相等的数列，如：1、3、9、27……这种增长方式即幂的计算方式，故人口增长可以用指数函数表示。

马尔萨斯认为，由于种植农作物和饲养家禽所需的土地资源有限，食物不能和人口一样呈等比数列式增长，理想状态下的增长也只能是等差数列式增长。

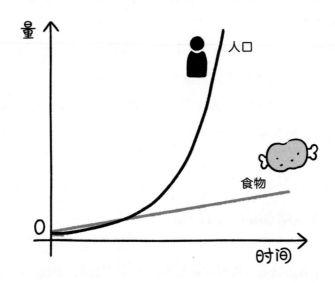

等差数列指的是一串数字中，后一个数字和前一个数字之差相等的数列，如：1、4、7、10……这时，食物增长可以用一次函数（直线）表示。

实际上，回看世界人口发展历程可以发现，自 19 世纪末开始，人口数量呈爆炸式增长。1800 年世界人口约 10 亿人，100 年后达 16 亿人，1950 年为 25 亿人，2000 年暴增至 61 亿人，2015 年世界人口总数为 73 亿人，预计 2056 年将超 100 亿。

而日本在 2007 年以后，人口开始减少。得出这一结论很大程度上是基于出生率（准确来说是合计特殊出生率）降低，即一名女性一生中所生孩子的平均数下降。的确，1947 年出生率为 4.54，2005 年却降至 1.25。尽管现在恢复到了 1.4 左右，但仍未达到维持人口数量稳定所需的出生率（2.07）。

顺便一提，维持人口数量稳定所需的出生率约为 2，意味着如果一对夫妻生孩子数量少于 2，日本的整体人口就会减少。

"一碗汤的距离"是多长？

根据牛顿（1642—1727）的"冷却定律"：当物体表面与周围存在温度差时，单位时间从单位面积散失的热量与温度差成正比。例如，把80℃的味噌汤放在室温20℃的房间冷却时，最初的温度差是60℃，所以一段时间内冷却的速度较快。假设15分钟后味噌汤的温度降至60℃，味噌汤和室内的温度差为40℃，冷却速度便会减慢。

味噌汤的温度变化趋势

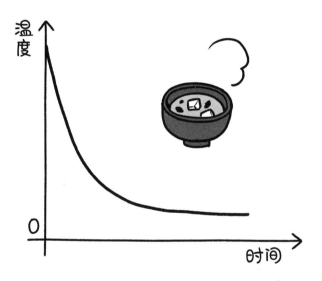

随着时间推移，当味噌汤的温度降为25℃时，仅和室温相差5℃，这时的冷却速度会变得非常缓慢。换言之，味噌汤的冷却速度在最初的时间段内非常快，然后逐渐变缓，这种变化可以用指数函数来表示。

题外话，成年子女的家与父母居所间的最合适的距离被称为"一碗汤的距离（一碗热汤端到对方家时，汤的温度刚好合适入口）"。那么，这段距离究竟有多长呢?

液体温度的下降速度不仅取决于外界气温,还会受到液体表面积、容器的导热性的影响,所以不能一概而论。在 1988 年,当时的日本东京都老人综合研究所(现东京都健康长寿医疗中心研究所)提出,不锈钢锅中的味噌汤,从刚煮好的 90℃ 左右冷却到 65℃ 需要约 30 分钟,这时的温度刚好适合饮用,这就是"一碗汤的距离",相当于"步行 30 分钟(约 2100 米)"的距离。

原本"一碗汤的距离"指的是能够在突发情况时迅速赶到年迈父母身边的距离,但由于当下社会双职工家庭和健康老人的人数不断增加,现在"一碗汤的距离"这一词语的含义逐渐演变为"方便老人帮忙照顾孙辈的距离"。

一般而言,如果某一变量瞬间变化的程度和对应时间的变量的数值成一定比例,那么,这一变量的变化就遵循指数函数的规律(见下图公式)。我们周围不少现象都遵循着幂运算规律,数字会出现爆炸式变化。而这样的剧变居然可以使用指数函数这一初级函数(高中文科生都会学习的函数知识)进行表示,这难道不令人兴奋吗?

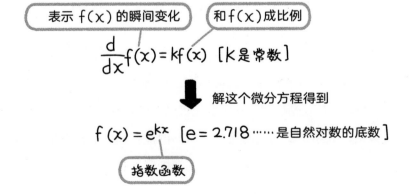

剧变的方程式表达

表示 $f(x)$ 的瞬间变化　和 $f(x)$ 成比例

$$\frac{d}{dx}f(x) = kf(x) \quad [k \text{是常数}]$$

解这个微分方程得到

$$f(x) = e^{kx} \quad [e = 2.718\cdots\cdots\text{是自然对数的底数}]$$

指数函数

这种情况并非仅在当前出现。在人类发明数学前，自然现象和人类有意识组织的社会活动都可以用简单的数学公式加以表示。每每想到此，我便深深感叹数学的强大和有趣，且更加坚信数学里蕴藏着无限的可能性。

不可思议的整数

掷 3 次骰子组合出一个三位数

你愿意参加下面的游戏吗？

掷 3 次骰子，将获得的 3 个数字自由组合成一个三位数（比如获得数字 1、5、6，则可以将其组合成 156 或 561 等）。

将这个三位数连着写两遍（如果是 156 则写 156156），然后，用得到的六位数除以 7，假设此时得到的余数就是你的幸运数字。

游戏规则是，你可以拿到和幸运数字相同数量的 1 万日元纸币，但是必须要先交 1000 日元的报名费。

六位数除以 7 后得到的余数可能是 0、1、2、3、4、5、6，也就是说最多可以拿到 6 万日元，而只要不是运气太差获得的六位数刚好能被 7 整除，至少都能拿到 1 万日元，因此许多人都跃跃欲试。

但是希望你再仔细思考一下。我不建议你参加这场游戏。假设六位数是 156156，你试着算一下。156156÷7=22 308，六位数能够被 7 整除，所以余数是 0，你的奖金梦落空了。实际上，这场游戏中所有的余数都是 0。

卜面就让我们揭开这个游戏的谜底吧。

将三位数连着写两遍就相当于用三位数乘以 1001，而 1001 可以被 7 整除，所以你的"幸运数字"一定是 0。

其实，用骰子只是为了增强游戏效果，任何一个三位数连写两遍都会得到同样的结果。

幸运数字必为 0

因为"1001"能被 7 整除（1001=143×7），
所以六位数必定是 7 的倍数。

$$156156 = 156 \times 1001$$
$$= 156 \times 143 \times 7$$

著名数学家费马留下的信息

0 和从 0 开始依次递增 1（1、2、3……）或递减 1 得到的数（−1、−2、−3……）都被称作整数，研究整数性质的数学分支叫作数论。尽管我们对整数非常熟悉，但它的性质在研究界却一直被认为扑朔迷离。

例如，当 n 为大于或等于 3 的整数时，不存在非零自然数（大于或等于 1 的整数）x、y、z，能使等式 $x^n+y^n=z^n$ 成立。这就是费马大定理。皮埃尔·德·费马（1607—1665）是 17 世纪知名的法国数学家，他曾在一本书的空白处写道："关于此定理，我已经发现了一种美妙的证法，可惜这里空白的地方太小，写不下。"

遗憾的是，现代的数学家多认为费马发现的证明方法有缺陷。因为证明这一定理非常复杂，需要用到现代数学的技巧，所以直到费马去世 300 多年后（1994 年）才由英国的数学家安德鲁·怀尔斯（1953— ）成功证明。

一共只存在 51 个"完全数"

整数分为很多种类，且分别有不同的名字，例如自然数、质数、偶数、奇数、三角数、平方数、亲和数、勾股数（见下一页）。

其中还包括像"完全数"这种颇为威风的数字。

如果整数 a 能被整数 b 整除，那么就称 b 为 a 的约数。在正整数范围内，如果一个整数恰好等于它的约数（除了自身以外）之和，则称该数为"完全数"。最小的完全数是 6，除此之外，还有 28、496、8128，10000 以内的完全数仅此 4 个，目前为止研究者们仅发现了 51 个完全数。

各种各样的整数

自然数　0 和正整数

质数　大于 1 的自然数，除了 1 和它本身外，不能被其他自然数整除，如 2、3、5、7、11、13、17、19……

> 关于质数将在下一节详细介绍

偶数　能被 2 整除的整数

奇数　不能被 2 整除的整数

三角数　能组成等边三角形的点数总和

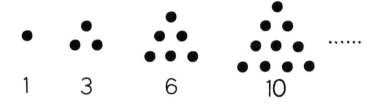

平方数　能写成自然数的 2 次方的整数

亲和数　如果有 2 个自然数，彼此的全部约数之和（除本身外）与另一方自然数相等，则称这 2 个自然数为一组亲和数

$$220 \text{ 的约数和} = 284$$
$$284 \text{ 的约数和} = 220$$

220 和 284 是亲和数

勾股数　能够构成直角三角形三条边的 3 个正整数

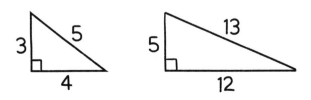

6 的约数

1, 2, 3, (6) ← 所有的约数

6 = 1 + 2 + 3 ← 将所有的约数相加（不包括 6）

28 的约数

1, 2, 4, 7, 14, (28) ← 所有的约数

28 = 1 + 2 + 4 + 7 + 14 ← 将所有的约数相加（不包括 28）

2018 年发现了第 51 个完全数，数字的位数超过 4900 万，非常庞大。由于从公元前 4 世纪左右开始至今，一共才发现 51 个完全数，所以，完全数是十分罕见的数字。但数学家们都期待有无数个完全数存在（尚未证明）。

坎特伯雷大主教首任主教圣奥斯定因在英格兰传教而闻名，他也曾说："6 本身就是完美的数，并不是因为上帝用 6 天创造了万物，所以 6 就是完美的，事实恰恰相反。正因为 6 是完全数，所以上帝才要赶在 6 天内完成创造万物的工作。"

此外，因为 6 是前两个质数 2 和 3 的乘积，所以 6 的倍数中有许多都能被各种数整除，便于计算。事实上，我们生活中就存在很多 6 的倍数（12 个月、24 小时、30 天、60 分、360 度等）。

而 6 之后的完全数是 28，稳定的原子核中质子和中子总数即为 28 个（这样的数也被称为幻数），构成成年人头盖骨的骨头总数（不包含舌骨）和成年人的牙齿总数（不包含智齿）都是 28。此外，100 年内每过 28 年，

日期和星期就会循环一次，所以我们可以直接使用 28 年前的日历。

神奇的"6174"

还有一个具有神奇性质的整数"6174"。这本书写于 2019 年夏天，那么现在就用 2、0、1、9 这 4 个数字分别组合成一个最大的数和一个最小的数，然后将二者相减，即"9210"减"0129"（0129 即 129），结果是"9081"。再用"9081"重复相同的步骤，得到"9621"，继续重复可以得到"8352"，8、3、5、2 可以组成的最大数和最小数分别为"8532"和"2358"，二者的差即为"6174"。

到这里并没有什么特别之处，甚至可能会让人感到有些无聊。但如果我告诉你，继续重复同样的步骤后，不论最初的 4 个数字是什么数字，最后一定能够得到"6174"这一结果，神不神奇？想要验证非常简单，不妨就用自己出生的年份试试（不过如果 4 个数字中所有数字都相同的话，像"9999"，结果则是 0）。

具有这样性质的数字叫作卡布列克常数。卡布列克是 20 世纪印度的数学家，正是他发现了数字的这一性质。四位数中只有"6174"是卡布列克常数，三位数的卡布列克常数是"495"，六位数的有"549945"和"631764"（五位数中不存在卡布列克常数）。包括 0 在内，目前共发现了 20 个卡布列克常数。

$$2019 \rightarrow 9210 - 0129 = 9081$$
$$9081 \rightarrow 9810 - 0189 = 9621$$
$$9621 \rightarrow 9621 - 1269 = 8352$$
$$8352 \rightarrow 8532 - 2358 = \mathbf{6174}$$

$$1974 \rightarrow 9741 - 1479 = 8262$$
$$8262 \rightarrow 8622 - 2268 = 6354$$
$$6354 \rightarrow 6543 - 3456 = 3087$$
$$3087 \rightarrow 8730 - 0378 = 8352$$
$$8352 \rightarrow 8532 - 2358 = \mathbf{6174}$$

约翰·卡尔·弗里德里希·高斯（1777—1855）是 19 世纪德国最伟大的数学家之一，他曾说过："数论是数学中的皇冠。"我认为这不仅是因为数论难度级别高，更是由于数论中的许多思路都极具美感（有关数学之美将在第 3 章详述）。此外，还有可能是因为数论的方法和理论独具一格，无法应用于其他领域，颇有孤高的气质，让人觉得它如"皇冠"一般高贵。

质数的未解之谜

什么是"最重要的"数?

你的生日数字有什么特征? 假设你的生日是 7 月 16 日, 那么就可以得到以下信息, "16"是偶数, 是 4 的倍数, 是 2 的 4 次方, 是 4 的平方。那"7"呢? 因为有一种说法叫作 Lucky Seven, 所以可以说数字 7 的寓意是幸运, 似乎没有其他明显的特征了。但其实 7 还有一个特征, 就是"除了 1 和本身以外不能被其他自然数整除"。具有这样的特征且大于 1 的自然数称为质数。

像"6=2×3"一样, 质数以外的数一定可以用质数的乘积来表示, 这被称为分解质因数。质数正如其名, 是数字的本质和基础。质数的英语是 prime number。

2,3,5,7,11,13,17,19,23,29, 31,37,41,43,47,53,59, ……

还会 继续噢

Prime 一词有"最重要的""首要的"等含义，从词义可以看出，质数应该是最重要的数字。

尽管质数在数学中有举足轻重的地位，但是按从小到大顺序排列后，却毫无规律可言。

质数的研究可以追溯到距今 2000 年以前的古希腊时期，时至今日，研究热度依旧未减。许多学者对于质数的分布（排列方式）是否有规律可循的问题仍旧十分关注。

奖金额高达 100 万美金的证明

有关质数分布的定律中，"黎曼猜想"最有名。"黎曼猜想"是由德国的数学家波恩哈德·黎曼（1826–1866）于 1859 年提出的。由于猜想的具体内容十分复杂，此处不再赘述。如若这一猜想正确，那么所有看似杂乱无序的质数都具有相同的规律。然而，黎曼猜想直到 2019 年也未能被证明，美国的克雷数学研究所甚至设置了 100 万美金的奖金，奖励能够证明该猜想的人。

此外，还有一个与质数相关的猜想，它和黎曼猜想一样，尽管迄今为止没有发现能够推翻该猜想的假设，但同时也未能证明其正确性。这个猜想的内容是"任意一个大于 2 的偶数都可写成两个质数之和"。的确，如：

4=2+2、6=3+3、8=3+5、10=3+7、12=5+7、

14=3+11、16=3+13、18=5+13……

更大的偶数同样如此。不妨亲自动手，用不同的偶数试试看。目前已经证明，400 京（1 京是 1 万兆）以内的偶数都符合上述猜想，即大于 2 的偶数都能用质数之和表示。

这一猜想由数学家哥德巴赫（1690–1764）提出，因此被称为哥德巴赫猜想。然而直至今日，这一猜想正确与否仍旧未能得到证明（同样，也没有人能够推翻这一猜想）。

另外，像 11 和 13，连续的两个奇数又同为质数时，叫作孪生质数，但孪生质数是否无限多尚不可知。

尽管质数是所有数字的基础，但仍有很多未解之谜。德国数学家利奥波德·克罗内克说"上帝创造了整数，但我认为质数才是上帝的杰作"。上帝故意给人类留下了质数之谜。也许在这浩瀚无边的宇宙中，有生物会先于人类成功解开这一谜题。这样想来，倒也十分有趣。

今天是"质数日"？

今天是 2019 年 8 月 11 日，我正在着笔于此书。将这一日期中的数字排列成一个八位数（20 190 811），正好得到一个质数。年月日的数字排列而成的八位数，如果刚好是质数，那么这一天便被称为"质数日"。

2019 年共有 19 个质数日，日本的大年三十（12 月 31 日）也是质数日。那么 2020 年的最后一天呢？也是质数日吗？为了解答这一问题，需要用数字"20 201 231"除以质数"2、3、5、7、11、13……"，以确认其是否不能被任何一个质数整除（要确定 N 是否为质数，必须要用 N 除以 2 到 N 为止的所有质数，不能整除则为质数）。这一过程过于耗时，即便用计算器，大部分人在中途也会放弃。

　　但是，请各位放心。现代社会是十分方便快捷的，只要数字位数不超过 16 位，就可以在专业的网站上输入数字直接获得答案。利用此类网站，就能立刻判断某一日期是否是质数日。

　　实际上，2020 年的最后一天是质数日，2021 年的元旦也是质数日。连续两天都是质数日，这种现象在 21 世纪的 100 年间只有两次（另一次是 2029 年的最后一日和 2030 年的元旦）。

寻找庞大的质数

　　古希腊时期，欧几里得（约公元前 330- 公元前 275）证明了质数个数是无穷的。揭开历史的面纱你会发现，发现大质数并非易事。皮特罗·卡塔尔迪（1548-1626）于 1588 年发现了六位数质数"524 287"，很长一段时间都占据着"人类已发现的最大质数"的宝座。

　　直至 1732 年，25 岁的莱昂哈德·欧拉发现了七位数质数，他在 40 年后又发现了十位数质数。1876 年，弗朗索瓦·爱德华·阿纳托尔·卢卡斯（1842-1891）发现了 39 位数质数，这是人类通过笔算发现的最大质数。

　　到 2019 年 8 月，人类发现的最大质数的位数约有 2480 万，这是一个难以想象的庞大数字。这是由互联网项目——因特网梅森素数大搜索

（GIMPS）——于 2018 年研究发现的。

GIMPS 采用的是分布式计算的计算机技术，通过互联网将世界各地的计算机连接在一起一同计算答案。

1996 年，麻省理工大学计算机科学与工程专业毕业的乔治·沃特曼（1957— ）编制了一个程序，并把它放在网页上供数学爱好者免费使用，这就是因特网梅森素数大搜索（GIMPS）。据说运行初期采用的是非常原始的方法，即通过电子邮件发送质数鉴定的请求。而现在则是利用了美国 Entropia 公司的系统，使得 1 秒内 2 兆次的计算成为可能。任何人都可以参加项目，参与者只需要从互联网上下载免费软件，即可通过该软件协助寻找质数。如果有读者想要为寻找庞大的质数献出一份力，也可以试一试。

第 2 章

了不起的天才数学家

欧美精英必读经典
《几何原本》和欧几里得的秘密

令人惊叹的畅销书《几何原本》

你知道《几何原本》吗？它是古希腊数学家欧几里得的著作。

《几何原本》编写于公元前300年左右，是世界上最早的数学教材，一直到100年前都被世界各国作为高中教材直接使用，是一部令人赞叹的畅销书。顺便一提，15世纪古登堡改进了活字印刷术后，出版的首本带有几何图形插图的书便是《几何原本》。

为何《几何原本》的传播范围如此之广、阅读量如此之大呢？

这是因为除了数学知识外，书中还记述了具有普适性的逻辑思维法。无论在质的方面，还是量的方面，《几何原本》都出色地展现了逻辑思维的魅力，至今未被超越。换言之，这本书是锻炼提升逻辑思维能力的不二选择。

毕达哥拉斯和苏格拉底（公元前 469– 公元前 399）以及柏拉图等伟
人让古希腊的文化和传统大放异彩，欧美国家继承了这一文化传统，自古
就尊崇逻辑思维。学生在学校学习如何辩论也是为了锻炼逻辑思维能力。
西方国家认为，相比悟性和灵感，能够说服周围的人、理解竞争对手的提
议——具备逻辑思维能力，才是领导者不可或缺的资质。

我曾经想成为一名指挥家，为此曾赴奥地利游学。

欧几里得

《几何原本》是一本怎样的书？

《几何原本》

- 仅次于《圣经》的畅销书
- 确立了"逻辑思维法"
- 对科学、哲学、艺术的影响巨大
- 19 世纪以前一直被用作教材

逻辑的力量

尽管自己身处感性化的艺术领域，却切身感受到：在欧洲，无论多么有创意的演奏点子，不一定能受到大家欢迎。相较之下，能用语言将演奏思路说清楚更重要。所以，如果你想成为管弦乐团的顶级指挥家，逻辑思维能力是不可或缺的能力之一。

《几何原本》里写了什么内容？

　　在欧美，崇尚逻辑的文化根深蒂固，所以《几何原本》作为培养逻辑思维能力最理想的教科书，自然而然地成为精英们的必读书目。

　　书中介绍的逻辑思维法指的是，从定义和公理出发不断积累真命题的方法。一旦决定按照逻辑思维的方式思考问题便没有退路了。当然，也没有必要画蛇添足。

　　"定义"指的是语言的意思。如果讨论过程中所使用的语言语义不明或是容易招致误解，那么对话就无法产生条理清晰的效果。

　　例如，在讨论"孩子理科差"这一问题时，如果一方认为"孩子"指的是小学生，另一方认为是指包括初、高中生和大学生在内的所有学生，讨论自然不成立。

　　"公理"指的是约定俗成的事，"就某一前提达成共识，不需要证明"。

　　假设围绕电车内能否打电话的问题进行讨论，如果一方提出："打电话的声音太吵了，会打扰到别人。"另一方可能会反驳道："没有啊，和朋友们一起搭乘电车时，并不会被他们聊天的声音吵到，所以打电话时如果就像在跟面前的朋友聊天一样，就不会打扰到别人。"但如果讨论过程中提出"为什么不能打扰到别人呢"这样的问题，讨论就会停滞不前。这一讨论的前提就是双方都同意"不能打扰到别人"。

当然,不应该盲目地将尚有质疑空间的事当作前提,但为了推动讨论顺利进行,提高效率,则需要事先确认一点共识作为出发点,即"公理"。

"命题"指的是可以客观判断真伪(正确或错误)的判断句。

例如,由于我们无法客观判断"他很重"这句话的真伪,所以它不是命题。之所以无法判断,是因为每个人对于体重达到多少斤才算"重"都有不同的标准。而另一方面,我们可以客观判断"他的体重超过80公斤"的真伪(不管谁来判断结果都一样),所以它是命题。

假设有以下推理"证明"。

①X公司中年收入高于日本人平均年收入的公司职员都是40岁以上的人。

②X公司的员工A年收入很高。

③A的年龄是40岁以上。

我们可以通过网站搜索查到日本人的平均年收入(根据国税厅的民间工资实际情况调查,2018年约为441万日元)情况。

根据这一数据,我们可以客观判断①的真伪,故①是命题,先假设它为真命题。那么基于①和②就一定能得到③的结论吗?当然不能,因为我们无法客观判断②中所说的A的收入"高"是真还是假。

有可能A是20岁左右的年轻人,他的收入只是比同龄人的平均年收入(约300万日元)高,并没有达到日本人整体的平均年收入水平。因此不能得到③的结论。

定义 → 公理 → 命题 → 结论

不依靠悟性和灵感，而是通过不断地探究获得深刻的理解，这是逻辑思维的妙处所在，而能够支撑推理的只有"真命题"。通过非命题和错误的命题（假命题）推导的结论在逻辑上往往站不住脚。

据说，首先提出即"定义→公理→（真）命题→结论"这一逻辑思维方法的人是哲学家柏拉图。欧几里得谨记柏拉图的教诲，写下了以几何学为中心的数学教材，即《几何原本》。

逻辑思维方法

定义

假设"周围有人"意味着"可以听到别人的说话声"。

⬇

公理

不可以打扰别人。

⬇

命题①

人如果只能听到对话内容的一半，便会不知不觉想要
了解对话的内容（脉络），导致注意力被对话吸引（在心理学中，
这叫作"认知功能干扰"）。

⬇

命题②

人在认知功能受干扰时会感到不耐烦。

⬇

结论

周围有人时，不应该打电话。

不过，欧几里得在书中总结的并非他自己发现的新事实。他最大的贡献是，遵循柏拉图式的逻辑思维方法，清晰、有体系地记述了毕达哥拉斯及其学生研究发展的几何学等数学知识。

从这个意义上来讲，与其说欧几里得是独创的数学家，不如说他是一位出色的编者。

毕达哥拉斯	柏拉图

欧几里得是编者团队的笔名？

2000 年左右，日本出版了两本畅销书——《思考的技巧·写作的技巧》（钻石社）和《逻辑思维》（东洋经济新报社），于是"逻辑思维"这一词汇开始引起人们的关注。从平成（1989 年是日本平成元年）到令和（2019 年是日本令和元年），如今，人工智能（AI）和机器学习（ML）技术正在席卷全球，逻辑思维能力越来越重要。

即便如此，我认为日本和欧美国家相比，对逻辑思维能力的重视才刚刚开始，这或许与日本人没有充分阅读《几何原本》有关。

《几何原本》以极其简单易懂的方式总结了众多当时混淆不清的数学定理（定理，是经证明为真的命题的陈述），是一部不朽的著作，但对于现代人来说依旧难以理解。

　　尽管欧几里得的著作给后世带来了深远影响，但我们对于他本人的生平却一无所知，甚至连他的生卒年月也不清楚。还有一种传言，"欧几里得"并不是一个人的名字，而是由多人组成的编者团队的笔名。

　　不过有一点可以肯定，无论欧几里得是个人姓名，还是团队名称，他或他们都是淡泊名利的人。和同一时代的其他"伟人"相比截然不同，除了数学的记述，关于他自身未留下任何信息。

　　那么究竟是出于怎样的动机，让欧几里得通过数学，一心记述逻辑思维的方法论，并将其汇总成共计 13 卷的《几何原本》呢？

　　也许欧几里得认为，逻辑思维是理解宇宙奥秘最好的方法。依靠悟性和灵感无法获悉的苍穹奥秘，人类总有一天可以借助逻辑的力量成功破解，也许欧几里得正是预知到了这一点，认为沽名钓誉是一件低俗的事情。

拥有最强大脑的男人和博弈论

被爱因斯坦称为天才的男人

下面来介绍一位被阿尔伯特·爱因斯坦（1879—1955）称为"唯一的天才"的人物，他就是约翰·冯·诺依曼（1903—1957）。

1903 年，冯·诺依曼出生于匈牙利布达佩斯（冯是象征贵族和准贵族身份的称号）。父亲是银行家，母亲来自富贵的犹太家族。诺依曼有过目不忘的天赋，只读一遍就能将书本一字不差地背出来，他还能用古希腊语同父亲互相开玩笑，展现了过人的记忆力和语言学习天赋，是人们眼中的"神童"。1921 年，诺依曼考入布达佩斯大学，同时还在柏林大学和瑞士苏黎世联邦工业大学学习。他才智过人，同时取得了数学专业学位和化工专业学位。

诺依曼从 1927 年开始在柏林大学担任讲师，任期 3 年，其间曾发表了代数、集合论、量子力学等方面的论文，名声大噪。1930年受邀前往当时世界顶尖的研究机构——美国普林斯顿大学，3年后成为高级研究院的成员。当时普林斯顿高级研究院积极收留惨遭纳粹迫害、四处流亡的犹太科学家，在那里，诺依曼和爱因斯坦相识了。

诺依曼曾战胜了起步期的计算器，他的数学家朋友需要花3个月才能得出的结论，他仅用几分钟的时间就得出了。由于他实在异于常人，甚至有传闻说他是外星人，为了深入研究人类才表现得跟人类一样。

然而，他却记不住自家碗橱的位置，对不感兴趣的事物表现得极为冷淡。

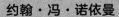

约翰·冯·诺依曼

1926年提出的博弈论

诺依曼的研究不仅为数学领域做出了重要贡献，还对物理学、计算机科学、气象学、经济学、心理学和政治学等领域产生了巨大的影响。在他的众多成就中，最有代表性的是他在1926年提出的"博弈论"。

博弈论指的是"两人在平等的对局中各自利用对方的策略变换自己的对抗策略，达到取胜的目的"。简单来说，这个理论告诉我们，当两名以上的个体之间存在利益关系时，会出现怎样的结果以及该如何采取策略。"个体"可以指国家、企业、组织或个人。

直到 1944 年，诺依曼和经济学家奥斯卡·摩根斯坦（1902—1977）共著了划时代巨著《博弈论与经济行为》，首次奠定了博弈论的基础和理论体系。这本书被誉为"20 世纪前半叶最伟大的功绩之一""继凯恩斯货币理论之后最重要的经济学著作"等，在当时广受好评。

即便博弈论的提出距今还不到 100 年，但已在经济学、经营学、政治学、社会学、信息科学、生物学和应用数学等多个领域得到应用。

"囚徒困境"的冲击

"囚徒困境"是博弈论中最经典的案例。简而言之，某次大型案件中有两名犯罪嫌疑人，他们都因其他罪名被捕。假设两名犯罪嫌疑人分别为 A 和 B。检察官向他们提出了以下辩诉交易（犯罪嫌疑人或被告指证他人的犯罪事实时，作为交易回报，可为自己申请减刑或延期诉讼）。

①如果对方保持沉默，而你坦白，那么你可以获释。

②如果对方坦白，而你保持沉默，那么你会被判有期徒刑 10 年。

③如果两人都保持沉默，则两人各判有期徒刑 1 年（仅对所犯的轻罪判刑）。

④如果两人都坦白，则两人各判有期徒刑 5 年。

A 和 B 在不同的审讯室，审讯过程中都无法知道对方的言行。

首先站在 A 的角度来思考。

如果 B 保持沉默，则 A 选择坦白会对自己有利（获释）。如果 B 坦白，那么 A 还是选择坦白会有利（如果不坦白则会被判 10 年有期徒刑）。

不论哪一种情况，选择坦白都更有利于 A，所以按常理推断，A 应该选择坦白。当然 B 也是如此。最后两人均被判处 5 年有期徒刑。

囚徒困境

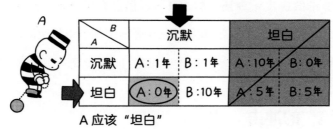

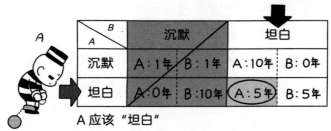

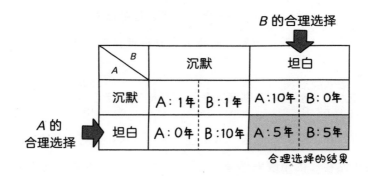

不过，这种结果并不是最好的，因为两个人均选择沉默（两人都被判处 1 年有期徒刑）比两个人都坦白（两人都被判处 5 年有期徒刑）的结果更好。

所谓囚徒困境指的就是，即便双方知道互相合作（沉默）比不合作（坦白）的结果要好，只要存在不合作对自身有利的选项，双方便不会选择合作，从而陷入选择的困境。

囚徒困境的案例数不胜数，例如竞价问题、乱扔垃圾问题、核武器持有问题……囚徒困境颠覆了"只要每个人基于合理的判断行动，社会整体就会顺利运转"这一社会一般认知，对经济学、社会学、哲学等领域产生了巨大的影响。

诺依曼和原子弹

诺依曼去美国后全身心投入应用数学（对社会有实际作用的数学）的研究中。在政治上，他曾是一位爱国主义者，20 世纪 40 年代以后，他作为冲击波和爆炸波方面的指导专家，最终被卷进了战争之中。1943 年，他参与了曼哈顿计划，该计划旨在研发原子弹。

诺依曼曾指出："大型炸弹落地前爆炸威力更大。"这一理论却被应用于日本广岛、长崎原子弹事件中。由于预测炸弹的弹道和威力需经过大量计算，诺依曼后期也参与了电子计算器（电脑）的研发工作。

为计算弹道数据而研发的第一台计算机叫电子数字积分计算机（ENIAC）。这台计算机长 24 米、宽 0.9 米、高 5 米，重达 30 000 千克，是个庞然大物（占地约 21 平方米），当然，计算速度肯定比不上现在的计算器。每次使用 ENIAC 进行新的计算时，都需要重新组装电子管和电线，因此做复杂的运算十分不方便。

于是，诺依曼提出了在计算机内部提前设置好程序的方法，并提供了数学的基础设计方案，这就是"软件"（使计算机运行的程序）的概念。计算机主机和外部设备等肉眼可见的机械部分被称为"硬件"。有了软件，只需修改程序，便可完成新的运算，电脑的普适性得到了大幅提升。

这种程序内置的计算机被称作冯·诺依曼型计算机，即便现在，冯·诺依曼型计算机依旧是绝大多数计算机的基础。据说，美国计算机产业之所以能够迅速发展，是因为得益于诺依曼撰写的程序内置相关著作的推广。

1957 年，诺依曼因癌症在美国首都华盛顿逝世。有人认为，诺依曼之所以患上癌症，是因为参与曼哈顿计划时受到了大量的辐射。

天才具备的条件

诺依曼具有过人的才能，政治上好胜心也极强（不过这可能与他犹太人身份以及对纳粹主义和共产主义等集体主义的反感有很大的关系），被称为"拥有最强大脑的男人"，实际上他是怎样的人呢？

迄今为止，我遇到过不少天才：日本东京大学顶尖理科 3 类（医学部）的同学，与日本滩高中、开成高中齐名的筑驹高中（筑波大学附属驹场高中）中被称为"筑驹建校以来的天才"的人，东大理学部（当时）最年轻的教授……此外，我还遇到过音乐和舞台艺术领域超凡脱俗的天才。

当然，他们既被称作天才，自然个性十足，但同时他们又有一些共同的特征：

①擅长挖掘事物的本质。

②学习速度异常快。

③母语能力（语言能力）十分出色。

④坦率。

我认为这些就是"天才具备的条件"，那么，诺依曼是否符合这些条件呢?

印度魔术师令人惊叹的灵光一现

从天而降的天才

英国物理学家艾萨克·牛顿在面对别人的称赞时说道："如果说我比别人看得更远些，那是因为我站在了巨人的肩膀上。"这句话体现了大科学家牛顿的谦虚。支撑牛顿运动定律的是物体运动的相关法则，而在了解了它被发现的历史后，我认为牛顿说出了真心话。

正因为有尼古拉·哥白尼（1473–1543）、伽利略·伽利雷（1564–1642）、约翰尼斯·开普勒（1571–1630）、克里斯蒂安·惠更斯（1629–1695）等不分伯仲的"巨人"，以及被淹没在历史长河中的那些不知名的物理学家，他们秉持着"揭开宇宙的真相"的信念，传递手中的接力棒，牛顿才得以建立起古典物理的金字塔——牛顿力学。

爱因斯坦的相对论也是如此，不过，即便没有爱因斯坦，在当时

10–20 年以内也会有人发现相对论。这是因为，自然法则的发现存在着某种逻辑性和历史的必然性。

然而，"印度的魔术师"斯里尼瓦瑟·拉马努金（1887–1920）发现了数量惊人的公式却并没有必然性。如果没有他，至今可能都无人发现这些公式。

1887 年，拉马努金在母亲的老家——印度南部的乡村埃罗德出生。父亲是贡伯戈讷姆一家布匹公司的会计。母亲是一位聪明、有教养且非常自信的女性，甚至会在家中举办祈祷会。拉马努金家是正统的婆罗门（印度教的"种姓制度"中的最高级别），所以有着身为婆罗门的自豪感，且严格遵守不吃鱼、肉、蛋的素食戒律。

斯里尼瓦瑟·拉马努金

拉马努金从小就在学业上表现出了超凡的才能，据说他 13 岁时就掌握了大学的三角学和微积分知识。

同一本数学书的邂逅

英国数学教师卡尔所著的考试用书——数学公式集《纯粹数学与应用数学概要》，对拉马努金的数学人生起到了决定性的影响。这本书收录了从小学到大学初级数学中的 6000 多条定理和公式，但仅仅是按名称罗列的，十分枯燥，但这却符合拉马努金的胃口，他沉迷其中，不断尝试自己动手加以证明。

由于书中的定理和公式只有简单的注解，没有详细的证明，要证明公式、定理正确与否就需要自己找方法，而这些方法中有不少都成为拉马努金发现新定理的关键。

拉马努金将自己"发现"的定理和公式写在了本子上。经过多次整理，将它们汇总在三本笔记本中，这几本笔记本现被马德拉斯大学图书馆收藏。但笔记中只记录了定理和公式的证明结果，而没有证明过程。

拉马努金凭一己之力自学数学，所以笔记中约有三分之一的内容都是已知的，其余的 3254 条公式则是全新的。其中有一些只能用目前最新发现的方法加以证明。实际上，直到拉马努金逝世 77 年后，笔记中的公式和定理才被全部证明。

例如，用拉马努金的公式计算用无穷级数（无限个数的和）表示的圆周率（有关圆周率的内容将在第 5 章详细介绍）时发现，竟然可以非常快速地算出圆周率的近似精确值（3.141592），且只要计算前两个数，就能得到精确到小数点后 8 位的数值。

另外，和牛顿并称"微积分之父"的德国数学家戈特弗里德·威廉·莱布尼茨（1646–1716）也提出了有名的圆周率计算公式，但该公式即便计算到前 500 位数，也只能得到小数点后 3 位的精确值，和拉马努金的差距还是很大的。

两种圆周率的计算公式

莱布尼茨的圆周率公式

$$\frac{\pi}{4} = 1 - \frac{1}{3} + \frac{1}{5} - \frac{1}{7} + \cdots\cdots = \sum_{n=0}^{\infty} \frac{(-1)^n}{2n+1}$$

拉马努金的圆周率公式

$$\frac{1}{\pi} = \frac{2\sqrt{2}}{99^2} \sum_{n=0}^{\infty} \frac{(4n)!(1103 + 26390n)}{(4^n 99^n n!)^4}$$

$\pi = 3.14159265358979323846$

　　以上是两种圆周率公式。拉马努金的公式一眼看去，十分复杂。他能写出如此复杂的公式，真是令人难以想象。

　　天才拉马努金逝世 60 年后（1987 年），他的圆周率公式才得以证明。自此，圆周率的计算取得了飞跃式的发展。

　　拉马努金的思维常人无法想象，而被问及提出这些公式的思想灵感时，他说道："你可能不信，这多亏了纳玛姬莉女神，我每天都向她祈祷。"

　　如今，拉马努金发现的公式和定理对粒子物理学、宇宙论、高分子化学、癌症研究等多学科领域产生了重要影响。对此，普林斯顿高等研究所的理论物理学家弗里曼·戴森表示："研究拉马努金非常重要，因为他提出的公式不仅很美，而且具有内涵与深度。"

每天早晨 6 个"新定理"

1913 年后，拉马努金开始有选择性地从笔记中选取一些公式，将它们随信寄给英国的顶尖数学家。其中有一位是当时英国数学会的领军人物，他就是剑桥大学的教授哈代（1877–1947）。

分拆数

（例）5 的分拆数

5, 4+1, 3+2, 3+1+1, 2+2+1,
2+1+1+1, 1+1+1+1+1

因为有 7 种拆分方法，所以 5 的分拆数是 7。

分拆数的近似公式

对于自然数 n，当 n 越大时，它的分拆数可以用以下公式计算得到近似值

$$\frac{1}{4n\sqrt{3}}e^{\pi\sqrt{\frac{2n}{3}}}$$

哈代和同事李特尔伍德花了 3 个小时仔细阅读了信中写到的未知公式，然后得出结论，写信人是一位毋庸置疑的天才。第二年拉马努金就被剑桥大学聘任，从此他与哈代开始共同研究。

据哈代所述，"拉马努金每天早晨都会带着 6 个左右的新定理出现在人们面前"。哈代曾多次向拉马努金演示怎样写出证明，并提醒他给新定理加上证明过程。然而，由于拉马努金没有接受过正规的数学教育，所以完全不懂什么叫证明。

对拉马努金来说，自己提出的定理基本是"来自上帝的点拨"，也就是"用慧眼看到的"。

对他来说，写出证明是十分困难的，就像见过不明飞行物（UFO）的人要向没见过的人证明它的存在一样。

后来，哈代不再要求拉马努金写出证明过程，他果断决定，由自己来证明拉马努金受上帝委托提出的定理。

两人的研究成果中值得一提的就是分拆数近似公式的提出。分拆数指的是，一个自然数拆分成多个自然数之和（包括自身在内）时的拆分方法的数目。

例如，4 可以用 4、3+1、2+2、2+1+1、1+1+1+1 这 5 种方式来表示，所以 4 的分拆数是 5。当原数越大时，分拆数的计算就会越复杂，但两人提出的近似公式却达到了惊人的精确度。

开创现代物理学的公式

遗憾的是，哈代和拉马努金合作的时间不长。

拉马努金不仅是一位素食主义者，还拒绝进食非婆罗门的人烹调的任何餐食，在他看来那是不洁的东西。而且和哈代一起做研究时，他经常过着 30 个小时沉迷研究不休息，一休息便连续睡 20 个小时的紊乱的作息生活，这导致其在到英国的第三年就疾病缠身。1919 年，拉马努金回国，一年后就离开了人间，年仅 32 岁。

1976 年，宾夕法尼亚州立大学教授安德鲁斯偶然发现了拉马努金回国后写下的部分笔记。其中记载了被认为是"拉马努金最高成就"的"模 θ 函数"，以及 600 多道公式。可以说，这一发现的重要程度堪比《贝多芬第十交响曲》的创作。

"模 θ 函数"刚被发现的时候，学者们认为它和德国数学家卡尔·雅可比（1804–1851）的"θ 函数"有相似之处，所以称其为"模 θ 函数"。然而，拉马努金笔记本上记载的"模 θ 函数"的诸多公式，至今尚存在许多未解之谜。

"θ 函数"在现代物理学的"超弦理论"中发挥了至关重要的作用。"模 θ 函数"和宇宙膨胀及大统一理论（试图统一解释力的一切的理论）的联系有待证明，目前依旧是世界各国的数学家和物理学家争相研究的热点问题。

卡尔·雅可比

发现无穷的数学家背后的故事

无限大真的存在吗?

我曾听到几个小学生在谈论一个话题。

"你知道最大的数是什么吗?"

"我倒是知道'兆',比它更大的,我就不太清楚了。"

"你不知道吗?是无限呀,无——限!"

其实,孩子们产生了一个误解,那就是:将无限认定为一个"极大的**数字**"。**无限与有限世界中的数字,例如"1兆",是不能等同对待的。**

对此,大村平在他的一部著作中作如下论述:

将"无限"当作"极其大",就像是只因水平线的另一端是天空,所以将天空指代为"极远处的海"一样,我不认同这种想法。

人类自古希腊时期起，便开始认真地思考无限的概念。但在当时，毕达哥拉斯（公元前582−公元前496）、柏拉图（公元前427−公元前347）以及亚里士多德（公元前384−公元前322）等知名哲学家（数学家）认为世界是有限的，引入无限的概念会引起理解混乱，因此，大家都忌讳使用"无限"这个词语。

其实，利用有限世界带给自己的感受去理解无限的概念时，会发现许多不可思议（令人感觉不合理）之处。例如，假设有汇集了自然数（0、1、2、3……）的 A 组，以及汇集了平方数（自然数的二次方）的 B 组。

那么，A 组与 B 组中，哪一组拥有更多的数字呢？

哪一组的数字更多？

$$A = \{\ 0,\ 1,\ 2,\ 3\ \cdots\cdots\ n\ \cdots\cdots\}$$
$$\updownarrow\ \updownarrow\ \updownarrow\ \updownarrow\qquad\updownarrow$$
$$B = \{\ 0^2,\ 1^2,\ 2^2,\ 3^2\ \cdots\cdots\ n^2\ \cdots\cdots\}$$

伽利略·伽利雷

如果利用有限世界的概念，我们会毫不犹豫地选择 A 组。A 组是自然数的排列：0、1、2、3……一直连续，没有一个空缺。与此相对，B 组是0、1、4、9……这类有跨度的数字。因此，将 B 组理解为 A 组的一部分也是理所当然的事情。

其实，两组所包含的数字数量是相同的。这是为什么呢？就像上页图中所示，两组数字是一一对应的关系。这就是所谓的一一对应（117 页会详细介绍）。

意大利的伽利略·伽利雷曾在《关于两门新科学的对话》一书中谈到了这个话题。他指出"明明只包含了部分数字，但奇怪的是从某种意义上来说数字数量却是相同的，这就是有限与无限的不同之处"。这是人类第一次在研究中提及了无限的本质。

发现无限的数学家

德国著名数学家弗里德里希·高斯表示，他也曾把无限当作具体数字使用，发现如同伽利略所指出的一样，会出现不合理的结果。因此他认为，无限，还是应该作为副词使用，比如"无限大"。

在伽利略、高斯对"无限"的概念束手无策之时，第一个迎难而上的数学家——德国（出生于俄罗斯）数学家格奥尔格·康托尔（1845-1918），他曾提出了集合的概念。

集合即"由一个或多个确定的元素所构成的整体"。在数学中，指的是如同"1-10 的整数集合""参与猜拳的手的汇集"等具有某种特定性质的、具体的或抽象的元素汇成的集体。但像"美丽之物的汇集""美味之物的汇集"这类无法确定元素性质的组合，在数学中不能称之为"集合"。

如同 58 页提到的 B 组，它可以与自然数集（A 组）中的元素成一一对应的关系，从可计算元素数量的角度考虑，可以将这类集合称为可数集或可列集。康托尔将可数集中元素数量与自然数集中的元素数量"相同"这一情况称为"浓度相同"，并将可数集的浓度命名为 $\aleph_0$（阿列夫零）。

$\aleph$ 是希伯来文字的第一个字母（康托尔是犹太人）。但是要注意的是，康托尔提到的"浓度"英语中用"cardinality（势）"来表示，与用来表述"盐水浓度"的化学用语"concentration（浓度）"相区别。

例如，集合 {1，2，3} 与集合 {a，b，c}，这两个集合均包含 3 个元素。这时，可以称这两个集合"cardinality（康托尔'浓度'）相等"。

有理数与无理数浓度不相等

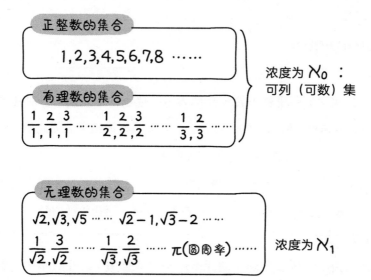

格奥尔格·康托尔	弗里德里希·高斯

总之，有限集合的"cardinality"指的是集合中所包含元素的个数。那么为什么不译为"个数"呢？这是考虑到若是无限大的集合，用具体单位"个"描述时会产生误解。

与自然数集的"cardinality"相等，意思是与自然数成一一对应的关系。假设将无限集合 C（元素数量为无限的集合）中的元素，按照数轴上 {1、2、3……} 的顺序依次摆放且有剩余元素，那么这些剩余元素就必须摆放在数轴中自然数以外的位置（如 0.5、$\sqrt{2}$）。

如此一来，无限集合 C 的元素在数轴上的摆放密度与自然数集相比不同——无限集合 C 显得更为密集一些——这种印象可能是导致日语中"cardinality"被译为"浓度"的最直接原因。

我见到了，但我不相信

康托尔用 $\aleph_0$ 来表示包含了负整数的全体整数以及有理数（可以用分数表示且分母与分子均为整数的数）的集合浓度。此外，他将无理数（非有理数）的集合浓度用 $\aleph_1$ 来表示，$\aleph_1$ 的浓度比 $\aleph_0$ 更加密集。实际上，无论是直线所包含点的数量、平面所包含点的数量，还是空间所包含点的数量，

它们的浓度均为 $\aleph_1$。康托尔对于这个结论十分吃惊，他写信给朋友，留下了后世广为流传的一句话："我见到了，但我不相信。"

"直线所包含点的数量与平面所包含点的数量相同 = 无限的程度相同"，我永远无法忘记第一次知道这个事实时的场景。当时，我正值高中二年级，作为东京都学生代表，参加了日本知名数学家广中平祐先生举办的"数理翼研讨会"。

这场研讨会聚集了全日本热爱数理知识的高中生们，在集体生活一周的时间内，大家可以聆听来自海内外的前沿讲座，机会实属难得。对于当时高中生的我来说，那些活跃在数学领域前沿的学者所讲述的内容，每一个都充满了新鲜感和刺激感，在整个过程中，尽是我不曾了解的话题。

"无限的浓度"是其中一个。我记得当时那位学者是这样解释的：

什么是无限的浓度？

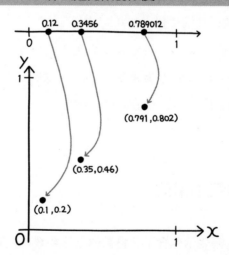

如上图所示，例如，数轴上"0.12"这个点，坐标平面内点 (0.1，0.2) 可以与之相对应。同理，假设 x 坐标轴表示小数部分为奇数的坐标，y 坐标轴表示小数部分为偶数的坐标，那么数轴上点"0.3456"可以与坐标平面中

的点（0.35，0.46）相对应。由于数轴上的点与平面中的点均可成一一对应的关系，且两方中均有无限个点，因此可以说"浓度相等"。

是不是特别不可思议？通过下面这个例子，我想你会恍然大悟。

从日本全国的夫妇当中，将居住在东京都的所有男性（丈夫），以及全国所有的女性（妻子）聚集在一起，让男性把自己的妻子带回家。如此一来，虽然东京都的男性都已离开，但是还会留下许多女性。这是因为东京都只是日本的一部分，与居住在东京都以外区域的男性结婚的女性还有很多。直线上所有的点与平面上所有的点均成一一对应的关系，这句话的意思是，东京都的男性全部离开之后，与男性同等数量的女性也全部被带走。

在此之前，我只知道直线是点的集合，平面是直线的集合，哪怕只是片刻，也无法相信直线所包含点的数量与平面所包含点的数量是相等的（浓度相等）。但是，我却无法反驳。那个时候，我认识到有限世界中的"常识"在无限世界里并不适用。

无限的浓度不只限于 $\aleph_0$ 与 $\aleph_1$。其实，比某个固定浓度更"浓"的无限集合，不计其数。无限中包含能够达到无限程度的种类数（"无限程度"这种表述方式可能会让人产生无限是一个实数的想法，从这个角度来讲并不是一个合适的说法。但是，在这里它的含义是"无限的浓度中也包含不限量的种类"）。无限并不是"极大的数"，而是在一个利用有限世界的尺度无法衡量的且一直不断扩大的世界中，存在的无数个"数"的总称。

伟大的数学家与爱徒之间的对立

集合这一概念出现后，"无限"开始成为科学研究的对象。在康托尔的努力下，出现了一扇面向数学家的大门。因此，康托尔称得上是真正的先驱者。

也许是因为这位天才所创造的伟业过于超前，因此他生前几乎没有收到正面的评价。甚至，他的想法还经常成为其他数学家批判、攻击的对象。最糟糕的是，还受到了他的老师——德国数学家利奥波德·克罗内克的极力反对。

在本书中已经多次提及的克罗内克，他是 19 世纪后半期德国的伟大数学家。当初，克罗内克非常疼爱康托尔这名优秀的学生，在康托尔入职哈雷－维滕贝格大学（位于德国东部哈雷市的一所大学）时给予了不少帮助。但是，在康托尔将无理数以及无限纳入自己的研究对象后，克罗内克开始敌视这位曾经的爱徒，并称他为"谎话精""毒害年轻人的人"。

因为克罗内克坚信，对于无法用整数来表示以及非有限的数，根本不值得花时间思考。他断言无法用整数的分数（有理数）来表示的数、小数点后为不规则且无限延续的数是没有任何意义的。

150 年前，曾站在科学前沿的数学家们，不认可现在中学生们学习的无理数。但这也说明，想要从数学角度出发研究这些"没有尽头的事物""无法看到所有元素的事物"是一件极其困难且需要勇气的事情。

利奥波德·克罗内克

病中晚年

恩师不理解自己，甚至对自己进行人身攻击，让康托尔的心灵受到了巨大的伤害。

其实，让康托尔的后半生陷入痛苦的还有一个原因——"连续统假设"的证明。该假设认为"$\aleph_0$ 与 $\aleph_1$ 之间不存在其他的势"。"连续统"指的是数轴上所有实数（包含有理数和无理数的全部数）的集合，"连续统假设"是证明可列集基数和实数基数之间没有其他基数的假说。

现在已经肯定"连续统假设无法进行证明与反证"。但是，当时的康托尔一直坚信自己可以证明该假说。在无数次的屡战屡败后，他失去了作为数学家的自信。而该假说根本无法证明，没有结果也是意料中的事。

恩师的指责和"连续统假设"的证明失败给了康托尔巨大的压力，双重压力之下，他产生了心理阴影，患上了精神疾病。晚年时期的康托尔开始沉浸于英国史与英国文学的研究。研究主题是，证明莎士比亚戏剧真正的作者是英国的弗朗西斯·培根（1561-1626）……

德国数学家大卫·希尔伯特（1862-1943）曾说："谁也无法将我们从康托尔为我们创造的乐园中驱逐出去。"但是，康托尔凭借智慧与想象的翅膀，克服重重困难到达的"无限"世界，对他来说，与其说是乐园，不如说是地狱。

大卫·希尔伯特

证明不完全性定理的完美主义者

"我的这句话是假的"是真的吗?

你听说过"说谎者悖论"吗?

悖论指的是从看似正确的前提或理论中,却得出了难以理解的结论的问题。"说谎者悖论"最有名的案例就是"我的这句话是假的"。这句话看似没有任何奇特之处,仔细思考后会发现它自相矛盾。假设这句话是真的,就会出现下面这种情况:

我在说谎→"我的这句话是假的"是假话→我没有说谎

原本是以"我在说谎"为前提开始的,结论却是"我没有说谎",两者自相矛盾。若假设这句话是假的,结果会怎样呢?这次会变成:

我没有说谎→"我的这句话是假的"是真话→我在说谎

假设和结论依然是矛盾的。

总之,"我的这句话是假的",既不能说它真(真话),也不能说它假(谎话)。

一般来说,构造是"我的这句话是假的"的文本,都无法判断它的真假,这就是"说谎者悖论"。除此以外,"没有无例外的规则"这一规则,写有"这面墙不能贴纸"的贴纸等例子也为众人所熟知。

那么数学是怎样的呢?数学中的命题(可以客观判断真假的事件),会有无法判断真假的情况吗?

数学中,"真"与"假"两者只能存其一,这已是大部分人的共识。当然,现在依然存在一些未能判断真假的命题。但是许多人仍旧坚信推导出结果只是人能力的问题,总有一天会有真与假的判断。

但是,"数学中确有一些命题,既不能被证明为真,也不能被证明为假",做出这个论断的人就是捷克数学家库尔特·哥德尔(1906–1978)。

库尔特·哥德尔

19世纪后半期至20世纪初,数学界进入了混乱期,出现了许多分支学科。首先出现的是几何学,几何学的出现源于人们对图形的好奇,以及土

木工程与航海技术的发展；后来出现了方程式论的代数学，成为人们探索未知事物的方法；还有计算面积、体积以及解释物理现象时所必需的微积分学；治国所需的统计学；为计算博彩利益而出现的概率论……数学这座"大厦"中可谓无所不有。甚至有人希望以康托尔提出的集合概念，"重建"数学界。

理发师悖论

集合论是现代数学的基础。被称为"亚里士多德以来最伟大的逻辑学学者"的英国哲学家伯特兰·罗素（1872—1970），注意到了集合中存在的"罗素悖论"。其中，最有名的案例就是"理发师悖论"。

某个城市里只有一家理发店，而且只由一个男人打理。这家理发店立下了一个规矩：我将为本城所有自己不刮脸的人刮脸。但是，不服务自己刮脸的人。

伯特兰·罗素

那么，是谁给理发师刮脸呢？若是理发师给自己刮脸，便与"不服务自己刮脸的人"相矛盾。反过来，若是不给自己刮脸的话，就会与"我将为本城所有自己不刮脸的人刮脸"相矛盾。因自己立下的规矩,理发师陷入了不能刮脸也不能不刮脸的困境之中。

为了避开这类悖论,罗素与老师阿弗烈·诺夫·怀特海(1861—1947)合著了共三卷的《数学原理》。该书试图通过集合论,将人们知晓的所有数学统合起来,并且仅用符号去证明它们。因此,全书主要由一些宏伟的概念构成。

然而,仅为了定义数字"1",他们就写完了第一卷。当然,随后的两卷中,高难度的数学概念一个接一个地登场。最后,书籍以"之后依然可以推导"作为结尾,显然是一部未完成的作品。

阿弗烈·诺夫·怀特海

礼品券未集齐5张时,奖品是什么?

轻描淡写一句"仅用符号证明"就能让罗素等数学家们埋头于证明工作。它的理论基础就是下一页的"真假表"。

假设,你正在收集礼品券,规则要求"集齐5张以上可以兑换奖品"。假设"集齐5张以上的礼品券"为P,"可以兑换奖品"为Q。那么,P与Q各自的真假与"$P \Rightarrow Q$"的真假有何种关系呢?

①集齐了5张以上礼品券（P为真）时，可以兑换奖品（Q为真），遵守命题的要求（遵守了规则），则"$P \Rightarrow Q$"为真。

②明明集齐了5张以上礼品券（P为真），却不能兑换奖品（Q为假），违背命题的要求，因此"$P \Rightarrow Q$"为假。

③没有集齐5张礼品券（P为假），不能兑换奖品（Q为假），遵守命题的要求（遵守了规则），因此"$P \Rightarrow Q$"为真。

到目前为止我们都没有觉得有任何不妥。但是，下面的情况④，人们一般都难以理解。

④没有集齐5张礼品券（P为假），却可以兑换奖品（Q为真）。

你可能会很生气："既然这样，努力收集礼品券也就没意义了！"但是，最初的命题（规则）中，没有出现未集齐5张礼品券的结果（没有明确能否获得奖品），因此可以认为命题为真。

听起来有些强词夺理，但若是奖品有剩余，主办方为那些没有集齐5张礼品券的客人分发奖品，这也不违背最初的规则。你可以将③和④结合起来看，便会知道，没有集齐5张礼品券时，（由于规则内没有相关的阐述）无论你是否得到奖品，命题（规则）本身都为真。

真假表

	P	Q	$P \Rightarrow Q$
①	真	真	真
②	真	假	假
③	假	假	真
④	假	真	真

语义学方法与句法学方法

如上表①－④一般，通过思考各条件的含义来判断命题真假的方式是"语义学方法"。但是，从语义学角度出发进行判断时总会受到日常用语的影响，有时结果会显得模糊不清，让人难以明辨是非，因此并不适合用于追求完美的数学。

此时，有人提出了一个想法：创造一批日常生活中不使用的"符号"，仅用符号去表示命题，"真假表"就是该想法的基础。运用符号后，可以将各种命题的判断变成机械性的工作。于是，这种依靠符号，通过"计算"进行证明的方法应运而生，这便是"句法学方法"。

使用句法学方法进行证明时，不用考虑含义，而是根据规则进行程序式证明。一旦确定了规则，证明就可以自发进行，因此这个过程中最重要的就是证明开始阶段的原理选择。若是原理本身存在矛盾（有错误）的话，（自发进行）得到的结论也一定是错的。

戈特洛布·弗雷格	乔治·布尔

数学证明中使用的句法学方法，经英国数学家乔治·布尔（1815–1864）和德国数学家戈特洛布·弗雷格（1848–1925）之手得以完善，在罗素与老师合著的《数学原理》中被体系化地记录了下来。

哥德尔的不完全性定理

德国数学家大卫·希尔伯特延续了罗素的远大志向，希望运用集合论，构建不包含悖论的完美数学。希尔伯特认为，想要实现"完美数学"，必须要达到以下两点。

①句法学方法的世界中，不存在无法证明的数学命题。

②《数学原理》中所写的公理不存在矛盾。

接下来我们用①代表"完全性"，用②代表"无矛盾性"。

①已经被哥德尔否定了。句法学方法表明，一个系统中存在"某些命题，既不能被证明为真，也不能被证明为假"，这就是"哥德尔第一不完全性定理"。紧接着，以哥德尔第一不完全性定理为基础，关于②，又导出了"公理系统内无矛盾，这个命题本身无法在公理系统内进行证明"这一定理，这就是"哥德尔第二不完全性定理"。

哥德尔不完全性定理的证明十分困难。若想让我说明（即使只是概括）这一定理，估计需要写出一本书了。若读者朋友对此感兴趣，可以尝试读一些相关参考书。

现在，我们一起了解一下哥德尔"第一不完全性定理"的结论。在聚集了自然数的系统中，使用句法学方法时（包含其他数的系统中出现的、无法否定完全性的情况），会发现存在"无法证明本命题"的命题。机灵的读者可能已经注意到，这与开头部分介绍的"说谎者悖论"拥有相同的语言结构，既不能肯定，也不能否定。

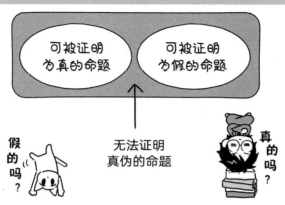

不完全是什么?

可能是由于名字过于震撼,哥德尔不完全性定理经常会脱离它原本的含义。不少人会煞有介事地说,"它证明数学是错的""人类理性的极限已经暴露出来了"等。其实,这都是误解。

这里提到的"完全性",已经被限定于上一页①的含义中。若是用图案表示"哥德尔第一不完全性定理",它只能证明上面图案中灰色区域内的命题存在。此外,此定理的出现并不能使数学学科凋敝,同时,也不能推翻以往的认定。

完美主义者的晚年

哥德尔利用程序化的句法学方法展示了"不完全性",这一发现不仅推动了数学以及逻辑学的进步,还促进了计算机科学的快速发展。计算机分析指令、运行指令的过程本身就是程序化的过程。计算机理论的形成,对"人工智能之父"艾伦·图灵(1912—1954)产生了长远的影响。

其中有一件有趣的事。哥德尔发表"第一不完全性定理"时,诺依曼其实也在现场。当哥德尔向众人解释这个令人费解的理论时,诺依曼马上就理解了。之后，他仅凭自己的力量，几乎与哥德尔同一时期推导出"第二不完全性定理"，实在令人敬佩。

出于对哥德尔的敬重，诺依曼并没有将自己的研究成果公之于众。相反，他认为自己有必要将结论与哥德尔分享，于是他想用书信与哥德尔取得联系。就在他将要把信寄出的三天前，哥德尔的"第二不完全性定理"的相关论文被受理。自此，诺依曼一生都非常尊敬比自己先行一步的哥德尔（虽说如此，正因为是哥德尔提出了第一不完全性定理，所以超前发现第二定理也是意料之中的事）。

35 岁之后，为了躲避纳粹对犹太人的迫害，哥德尔与妻子安迪一起逃亡到美国，担保人正是爱因斯坦。当时，要想申请成为美国公民，需要参加美国宪法相关的面试。相传在面试当天，哥德尔悄悄地跟周围人说道："学习宪法的时候，我发现美国有可能会变成一个独裁国家。"这着实让爱因斯坦着慌了一把。

哥德尔是一个完美主义者，甚至有些神经质。特别是到晚年时期，这种倾向越发严重。相传除了妻子安迪做的食物，哥德尔什么都不吃。他因为害怕别人利用毒气暗杀自己，即使是冬天，也一直开着房间的窗户。在人生的最后一段时间，住院的哥德尔不肯进食，因绝食而离开了人世。当时他的体重仅剩 29.5 千克。

艾伦·图灵

第 3 章

了不起的艺术性

数学的美来自内在的快感

如果数学不美……

作曲家柴可夫斯基曾说过这样的话：

"如果数学不美，恐怕数学本身就不会产生了。它将人类的绝世天才们吸引得神魂颠倒，除了美之外还有什么能拥有这么大的能量呢？"

可是，如果有人突然对你说："数学真美。"你会作何感想？你会认同他的看法吗？还是完全不能理解呢？顺便一提，我个人一直认为数学很美。

"美"是指"能引起人们美感的客观事物的一种共同的本质属性"。那么，数学的什么特点可属于这一共同的本质属性呢？我认为，主要是它的四个特征。

①对称性。

②合理性。

③意外性。

④简洁性。

①对称性

如果东京塔与富士山不是左右对称的形状，恐怕无法引起人们的喜爱。

数学中，一个图形沿着直线对折后，两部分完全重合，这样的图形叫作轴对称图形。如果一个图形绕某一点旋转 180 度，旋转后的图形能和原图形完全重合，这个图形就叫作中心对称图形。此外，在多项式中，若调换字母后得到的多项式与原多项式相同，这个多项式就叫作对称多项式。当你接受了图形或公式中存在的对称性，认为它很美就是一件自然而然的事。

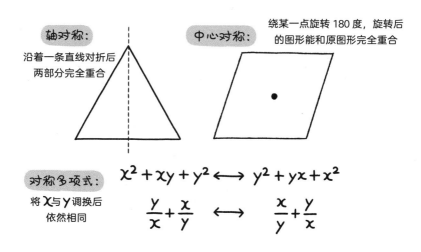

对称

轴对称：
沿着一条直线对折后
两部分完全重合

中心对称：
绕某一点旋转 180 度，旋转后
的图形能和原图形完全重合

对称多项式：
将 x 与 y 调换后
依然相同

$$x^2 + xy + y^2 \longleftrightarrow y^2 + yx + x^2$$

$$\frac{y}{x} + \frac{x}{y} \longleftrightarrow \frac{x}{y} + \frac{y}{x}$$

②合理性

你是否听过"燕子低飞，天要下雨"这句话？人们总是会根据生活中的自然现象预测天气。然而，这些看似经验主义的说法，其实都有科学依据。当低气压逐渐靠近时，水分含量较多的空气也会慢慢接近地表。燕子最爱食用的昆虫因为空气打湿了翅膀，而无法飞往高处。所以，燕子若想捕食昆虫，便只能在低空徘徊。

每当听到关于某个现象的合理解释时，我便会恍然大悟，而且还会因获得而产生"快乐"的感受。我知道每个人的感受都不相同，然而，古希腊数学家欧几里得在《几何原本》中构建的"逻辑性思考方式"之所以被不断继承与发展至今，其主要原因，大概就在于许多人都因它的合理性而"感到快乐 = 产生了快感"。

我喜欢数学的合理性，除了便于理解，还因为它有"条条大路通罗马"的特点，即虽然方法不同，但都可以得出相同的结论。

例如，下图中的问题，解答方法不止一个。只是在脑海中略微一想，便能想到下一页图中所示的两种解答方法，一种是从面积相等的角度出发解题，另一种是利用图形相似（大小不同但图形形状相同）的方法解题。

问题

请计算下图的 x 长。

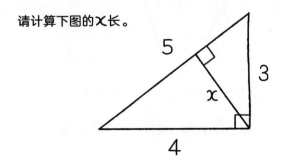

【解法 1】面积求解的方法

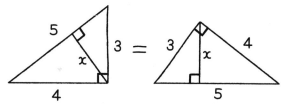

将斜边（长度为 5 的边）作为底边，求解时面积保持不变，
题中直角三角形可用底边 × 高 ×1/2 计算面积

$$4 \times 3 \times \frac{1}{2} = 5 \times x \times \frac{1}{2} \implies x = \frac{12}{5}$$

【解法 2】三角形相似法

$\triangle ABC$ 与 $\triangle ADB$ 相似（形状相同），由此可得，

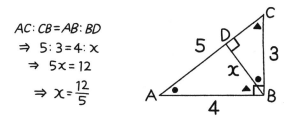

$$AC : CB = AB : BD$$
$$\Rightarrow \quad 5 : 3 = 4 : x$$
$$\Rightarrow \quad 5x = 12$$
$$\Rightarrow \quad x = \frac{12}{5}$$

合理性，即任何人都可以得到同一结论，而且在方法的选择上（只要符合逻辑）是十分自由的。我非常喜欢这种解题的感觉。

假设你参加的烹饪课的老师是一个不讲道理的人，要求你按照他的指令来操作。他会提出各种细致的要求，包含如何洗菜、切菜方式、食材的称量方法，甚至是调味料的添加顺序，除了他的方式以外均不予认可。哪怕你只是犯了小小的错，他也会立刻表示不满。

不仅如此，如果是相同的料理，每次的指令也不会发生变化。学生们难以忍受，做菜还要察言观色，烹饪课终究也会变成一项心不甘情不愿的学习"任务"。

但若是烹饪课的老师是一个明事理的人，他一定会认可每位同学不同的烹饪方式。事实上，制作美味料理的方法绝对不只有一个。比起老师准备的食谱，可能还有许多能令食物更加美味的小技巧。

若老师是一个讲道理的人，他不仅会欣然接受学生的改进，还会称赞学生，在这样的课堂上学习一定是快乐的。每一次课程也会让你充满期待，期待着"尝试自己的小技巧"。合理性与思考的自由性紧密相连，因此会让你感受到"合理"的"快感"。

③意外性

学习数学的过程中，经常能发现一些令人意外的事情。

例如，像 1+3+5+……这样把奇数相加的话，无论加到哪个数，都能得到一个平方数（正数的 2 次方），但是很多人可能不会理解。

看下图，你应该能够理解。

无论何时都可得到平方数

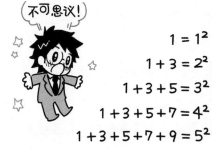

$1 = 1^2$

$1 + 3 = 2^2$

$1 + 3 + 5 = 3^2$

$1 + 3 + 5 + 7 = 4^2$

$1 + 3 + 5 + 7 + 9 = 5^2$

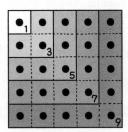

将布满"●"的正方形格子用倒 L 形不断向右、向下扩大，每扩大一圈的倒 L 形的"●"的个数（正方形格子数）均为奇数。把这些奇数相加，即将"●"的个数（正方形格子数）相加，最终结果一直都是正方形。

像 1+3+5+……这样把奇数相加时，就是把图中数字"1""3""5"所在的倒 L 形的正方形格子相加。因为相加的结果一直是正方形，所以得到的结果一定是平方数。

那些原本无法通过直觉去感受的事物，通过逻辑说明得以理解后，就有了"恍然大悟"的感受。这就是一种"内在的快感"。

相反，若是你认为是"理所应当"的现象，仍然有人没完没了地向你解释，你肯定会感到无聊，至少没什么快感可言。

就像前文中所述，"集合论之父"康托尔对自己的发现大吃一惊，还给友人寄出了写有"我看见了，但是我不信"的书信。同样的，当人们在思考数学的过程中发现了意外的事实，产生"内在的快感"，那么发现数学之"美"也就是意料之中的感受了。

④简洁性

数学的美之所以被人欣赏，最大的原因可能在于它的"简洁性"。

你听说过"Less is More（少即是多）"这句话吗？很久以前，这句话就已经在设计行业广为流传了。相传，这原本是 19 世纪英国诗人罗伯特·勃朗宁在自己的诗作中使用的一句话。意思是设计不应过度装饰，而应追求简单，与"Simple is Best（简单才是最好）"意思相通。

金门大桥

列奥纳多·达·芬奇（1452-1519）曾给后世留下了一句话：把最复杂的变成最简单的，才是最高明的。

日本流行音乐的传奇桑田佳佑曾在采访中说道："真正的好歌，仅靠一把吉他就可以完成。"

有时为了追赶一时的潮流，可能需要故意添加不同的元素。但经典、永恒的美之中，简洁性往往最重要。

例如，位于旧金山的金门大桥，是80多年前建造完成的。尽管如此，它依旧是人们心中"最美的桥"。它的桥身去除了一切装饰性元素，在此基础上，若要再去掉任何一部分，都会失去桥梁本身的功能。

曾引领了20世纪后半叶日本工业设计的柳宗理先生（1915-2011）曾评价这座桥"贯彻了减法美学"。看来，简洁早已是人们对美的普遍认知。

对于以数学家为代表的科学家们来说，探寻宇宙的永恒真理，是进行科学研究最根本的动力。而且他们坚信，永恒的真理应该是简洁且美丽的。

事实上，到目前为止数学家们发现的定理以及公式，多为简洁的东西。下面就是其中一个案例。

计算空间内立体图形的顶点、棱长以及面的数量时，将凸多面体（没有凹面的多面体）的顶点（Vertex）数设为 V，边（Edge）数设为 E，表面（Face）数设为 F 时，则有公式"$V-E+F=2$"成立。这即是"多面体欧拉定理"。

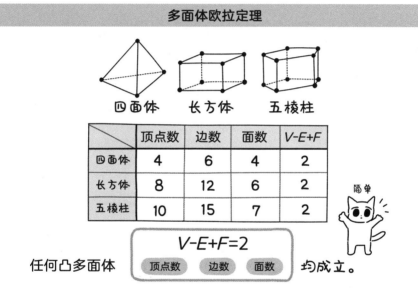

多面体欧拉定理

四面体　　长方体　　五棱柱

	顶点数	边数	面数	$V-E+F$
四面体	4	6	4	2
长方体	8	12	6	2
五棱柱	10	15	7	2

简单

$$V-E+F=2$$

任何凸多面体　顶点数　边数　面数　均成立。

乍看复杂，实际十分简单的数学公式还有很多，它们的简洁性与永恒真理相结合，只是看一看都会让人觉得心生美好。

追求数学的心与追求美的心是非常相似的。人若想要变美，就必须拥有一颗善于发现美的心。而若想要追求数学，就必须磨炼自己的感性，学会发现数学的闪光点，感知数学之美。

毕达哥拉斯与数秘术

数字拥有性格吗?

任何人都会有喜欢的数字。比如生日的数字或者很久以前就莫名有好感的数字,又或是喜爱的运动选手的编号。我喜欢数字"8":一方面是因为汉字"八"寓意好,另一方面,它是我小时候最喜欢的棒球选手——读卖巨人队的原辰德的编号。

此外,比 8 小 1 的"7",因被称为"幸运七"而备受人们喜爱。但对我来说,它总是散发着一种让人难以靠近的气息。而比 8 大 1 的"9",用朋友关系来形容的话,仿佛一个虽然关系一般但人格值得信赖,困难时能够挺身而出帮助你的人。

我对不同的数字有不同的印象。不是我故意要给他们赋予这些性格,而是自然而然感受到的。看到这里,你可能会认为我是一个奇怪的人。但是，虽然没有向其他人确认——但是对于这件事——我想喜欢数学的人也许都有同感。每一个数字留给人的印象都是不同的，至少"7""8""9"带给我的感觉完全不同。

喜欢音乐的人，能够听出演奏的好坏。喜欢烹饪的人，可以尝出盐的多少以及不同火候所带来的味道差异。同理，喜欢数字的人也能感知到数字拥有的不同性格。

毕达哥拉斯的发现

古希腊哲学家毕达哥拉斯在散步时，发现铁匠铺锻打铁时发出的声音不一样，有时悦耳动听，有时却不堪入耳。基于这个发现，毕达哥拉斯和他的弟子们特意去了铁匠铺，查找声音不同的原因。最后，他们发现是因为不同锻铁工匠使用了不同重量的铁锤，所以敲打的声音不同。而且经过仔细调查后，他们发现了一个不可思议的事实，那就是，能发出清脆响声的，铁锤和铁砧的质量比一般是"2∶1"或者"4∶3"这类简单的整数比。

毕达哥拉斯一行人对此感到十分震惊。能让人类感到美妙的音程（两个音级在音高上的相互关系），竟然可以利用简单的整数进行解释！这种感觉，就像是解开了上帝为我们人类留下的谜题一般。

生日数字相加的占卜方法

不久之后，毕达哥拉斯和他的弟子们就开始相信"数是宇宙万物的本源"，认为整数本身就如同上帝一般。他们还为 1—10 的数字加上了不同的含义，如下文所示，逐渐发展成为"毕达哥拉斯数秘术"。

数秘术是与西洋占星术、易学占卜术等齐名的占术，除了毕达哥拉斯式，卡巴拉式也很有名。现代数秘术所定下的数的含义因流派而不同，其中，毕达哥拉斯流派中数的含义主要如下文所示。

1：理性　　2：女性　　3：男性　　4：正义·真理　　5：结婚
6：恋爱与灵魂　　7：幸福　　8：本质与爱　　9：理想与野心
10：神圣的数

使用毕达哥拉斯数秘术进行占卜时，最常用的方法是将出生年月日中的数字全部相加得到一个结果（两位数），再将结果的各位数相加，利用最终得到的数的数字含义进行推算。例如 1974 年 7 月 18 日出生，那么，

1+9+7+4+7+1+8=37　→　3+7=10

结果就是"10"，意思是"完整·宇宙"。

也可以直接对数字进行计算。例如，

2+3=5　**"女性 + 男性 = 结婚"**
2×3=6　**"女性 × 男性 = 恋爱"**
4+5=9　**"正义 + 结婚 = 理想"**

你不觉得很有意思吗？你可以尝试算一算。当然，没有必要太过于苛求毕达哥拉斯数秘术中各个数字的含义，若是通过这样的方式可以让数字变得有血、有肉、有灵性，我认为还是十分有意义的。

为什么弟子被杀害了?

在数字被神化的过程中,毕达哥拉斯的弟子希帕索斯发现,等腰直角三角形的斜边(最长的边)边长,无法用之前发现的数(可以用分数表示且分母与分子均为整数的数,如今称为有理数)表示。

更为讽刺的是,经毕达哥拉斯推导得出的定理(勾股定理)早已证明这个数的存在。听完希帕索斯的汇报后,毕达哥拉斯和他的其他弟子都想证明这个想法是错误的,但是最终没能成功。

相传听了希帕索斯的话,毕达哥拉斯非常吃惊,他不仅对弟子们下命令不得将此数的存在公之于众,还杀害了希帕索斯……

若这件事为真,到底是什么原因致使毕达哥拉斯如此无情呢?

现如今,我们将那些非有理数称为无理数。但由于无理数的小数点以后的数字有无限多个且没有规律可循,就像 $\sqrt{2}=1.41421356\cdots\cdots$ 一般,很难确定这个值的大小。但是无理数——例如两条直角边均为"1"的等腰直角三角形的斜边边长——确实存在于世界之中。

勾股定理

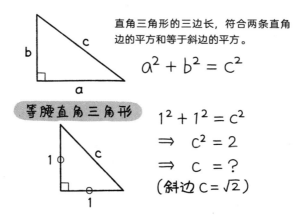

直角三角形的三边长,符合两条直角边的平方和等于斜边的平方。

$$a^2 + b^2 = c^2$$

等腰直角三角形

$$1^2 + 1^2 = c^2$$
$$\Rightarrow \quad c^2 = 2$$
$$\Rightarrow \quad c = ?$$

(斜边 $c = \sqrt{2}$)

此外，古希腊时期是一个首次利用数学对各种自然现实进行严谨证明的时代。对于当时的人们来说，没有什么比数学更令人信服了。而对于身处时代中心位置的毕达哥拉斯来说，绝不能容忍无法确定准确数值的无理数的存在。

再者，这一发现违反了毕达哥拉斯简单即美的审美意识，小数点以后的数字有无限多个且没有规律可循的"数"本身就不应该存在。

当然，现在的我们已经可以确定，无理数的浓度要比有理数的浓度高，且数量也比有理数多得多。

数学家与音律之间的奇妙关系

从美妙的音程与整数之间意外的关系之中，毕达哥拉斯与他的弟子们发明了"哆唻咪发嗦啦西哆"（音阶）。从最初的音阶哆到最后的音阶哆之间（一个八度），按照音高对中间音（唻咪发嗦啦西）进行排位的原理叫作音律。

毕达哥拉斯与弟子们以铁锤和铁砧的比为"3 : 2"时的音程（哆与嗦）为基础制定了音律。其实，音律的制定方法有很多种，也正因如此，截至目前，也没有出现完美音律。

这里所提到的"完美音律"指的是，不同音在同时发音时产生的和声之美与它作为旋律时的声音之美同时存在。

创造音律时需要等比数列以及方根（$x^n=a$ 的解）等相关数学知识，因此，音律与数学家自古有着密切的联系。事实上，约翰尼斯·开普勒以及莱昂哈德·欧拉等人都为后世留下了独特的音律，日本的数学家中根元圭（1662–1733）也算出了将一个八度分为十二音的音律（又称十二平均律）。

数学的前身是音乐、天文学?

"数学"一词的来源

在此,再讲一遍"数学"一词的来源。

19世纪,中国的西学书籍中有"mathematics"一词,"数学"作为其译词而第一次出现在人们的视野之中。在日本,1862年幕府末期发行的第一本真正意义的英日辞典——《英日对译袖珍辞典》中,最早记载了"数学"一词。之后,1864年,为研究西欧的语言与科学,幕府设立了洋书调所(其前身为蕃书调所),并在所内设立了"数学科"。

日本明治维新后,1877年(明治十年),东京大学诞生,并于大学内设立了东京数学会社,这是现在日本数学协会和日本物理学会的前身。从1880年开始,该会社几乎每季度都会举行"译词会",决定西欧数学术语的正式译词。

1883 年的第 14 回译词会上，正式决定将"mathematics"一词译为"数学"。可能在这里大家会有一个疑问：为何如此重要的术语却推迟到第 14 回才决定其译词呢？翻阅当时的会议记录，据说"mathematics"的译法，在第 2 回的译词会上就已提出。然而当时大家意见不一，无法定夺，最终便遗留到了第 14 回。

在当时，关于"mathematics"的译法，可谓众说纷纭。与"mathematics"意义相近的有一词为"arithmetic"，它经常被译为"算数"，然而这里存在误区。"arithmetic"是数学的一个分支，它研究数的性质及其运算。在第 15 回译词会上，确定将"arithmetic"译为"算术"。

似乎格格不入的译词

虽然当时专家们为了确定译词绞尽脑汁、费尽周折，但将"mathematics"译为"数学"多少有些令人难以信服，因为"mathematics"所指代的范围，绝不仅限于"数"。

数是表示物的顺序、量的概念。它以 1、2、3……这些自然数开始，但可以延伸到小数、分数、无理数，现如今指全体实数和虚数（见第 184 页）。因为数是抽象化的概念，所以没有单位。

而量是指长度、面积、体积、角度、重量、时间以及速度等可以测定的性质。量基本存在单位。在几何学中，求图形边的长度和面积，就是测量。

从古希腊时期开始，数和量都是"mathematics"的中心。那么是否可以译为"数量学"呢？答案是否定的，因为仍旧不够充分。

进入 17 世纪后，从某种量产生另一种量的函数出现后，许多学者对转换产生了浓厚的兴趣。"y 是 x 的函数"意思是"y 是由 x 决定的数"，我们可以想象成在某计算装置输入 x 值，相对应地就可以输出 y 的值（关于函数，详细解说见第 122 页）。

（关于函数，详细解说见第 122 页）

何谓转换

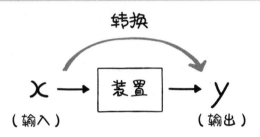

若 $y=2x$ ，通过"装置"，x（输入）
可转换为 2 倍的数值 y

通过函数这一"装置"，x 可转换为 y，因此函数的概念产生后，"转换"开始受到广泛关注。最后，以微积分为中心的分析学得以确立，"mathematics"的范围逐步扩大，甚至包罗了整个自然科学。可以说正是因为人们对"转换"的重视，才确立了"mathematics"如今的地位。不过，故事还没结束。

古希腊的欧几里得在《几何原本》的最开始，第一次规定了"两点之间，线段最短""两条平行的直线永远无法相交"等公理和空间的性质。

在日常生活中，我们会认为这些性质的存在是理所当然的，没有必要特意进行说明。但正因为对不存在这种性质的特殊空间进行了定义，考虑到了这种非欧几里得式的空间（非欧空间），才得以产生了新的"mathematics"和科学。

紧接着，19 世纪时出现集合的概念，开始将拥有位置关系等结构的集合称为"空间"。在探讨问题前，确定所用空间的概念，成为研究中重要的一步。

数学的范围远不止于此

经过我的解释，是不是能够感受到"数学"一词的美中不足了？在我读高中时，一直对"数学"这一名词抱有质疑。使用文字而非数字表示的方程式被称为"代数学"，那么难不成"数学"一词是"代数学"的缩略语？但若真是这个原因，那便忽略了"函数""几何""概率"这些概念了……在我的脑海中，这些想法一直懵懵懂懂地存在着。

实际上，"数学"至少包含前文提到的概念，如"数""量""转换""空间""结构"等。如今，数学的应用范围之广更是令人惊叹，因此当回答"何谓数学"这一问题时，无论从数学层面还是哲学层面，都变得复杂起来（还存在"数理哲学"这一对数学的对象及方法进行哲学性研究的学科）。

算术·音乐·几何学·天文学

"mathematics"来源于古希腊语"μάθημα（学习）"（英语为mathemata）一词，细想数学的学科内涵，两者间的联系十分有趣。

在古希腊，"μάθημα（学习）"的内容由下列四门科目组成：

算术（静态的数）

音乐（动态的数）

几何学（静态的量）

天文学（动态的量）

这些都是古希腊柏拉图的想法。柏拉图在自设的学园（阿加德米）中设置课程时，主张作为哲学学习的基础，需要对 16—17 岁的孩子作相关学科的特别训练。柏拉图对这四门课尤为重视，可以说是受到了毕达哥拉斯学派的影响。

"μάθημα"学科分为四门，是由于毕达哥拉斯学派首先将数和量（图形）分开，又分别将其分成动与静。这里所说的"静"是指其自身不变的情况，"动"是指因他者变化而变化的情况。

关于数本身（静态的数）所要学习的"算术"能力，是一切学科的基础，纳入学习范围自不必说。

在《几何原本》中已经谈到，毕达哥拉斯及其学生们在研究图形（静态的量）这一几何学领域上，取得了显著的成果，同时确立了理论性的思考方法。当时，学习几何学就是学习逻辑思维，因此要想学习哲学，自然必须要学习几何学。

神秘的数字与行星音乐

如前文所述，毕达哥拉斯学派发现了潜藏在优美和音中的数字秘密，提出了"万物皆数"的观点。他热诚地告诉人们，宇宙是因数与数的关系（动态的数）而形成的和谐的体系。

毕达哥拉斯后，在希腊，人们逐渐认为宇宙的根本原理是"μουσική"和"Ἁρμονία"，对应到英语中，分别为"music（音乐）"和"harmony（和谐）"两个单词。实际上，直到中世纪，音乐与其说是娱乐产品，更被理解为是秩序与和谐的象征。正因如此，对音乐的学习是理解宇宙原理所必不可少的内容。

另外，毕达哥拉斯还创立了"行星音乐"这一概念。当时人们认为，所有的行星都以地球为中心，被固定在巨大的球面上，行星随着球面的转动而转动（地心说）。

地心说认为，行星的运动尤为奇怪，要想用图形间的关系（动态的量）来解释的话，就必须要结合复杂球面的几何学观点。

然而，毕达哥拉斯学派认为，无论看起来如何复杂，天体都是沿着和谐的轨道而运行，宇宙则洋溢着人类无法欣赏到的优美的天体音乐。

柏拉图认为，虽然规定了学园中必须学习的四门科目，但不强制学习，选择学习这些科目的学生往往都怀有一颗成为时代领头人的心。基于此想法，"μαΘημα（学习）"的意思逐步成为了"自愿获取的各项技术"，因此逐渐被称为"Artes Liberales"。"Artes Liberales"是拉丁语，在英语中为"Liberal Arts（博雅教育）"。

在柏拉图规定了学习内容的约 1000 年后，至 5–6 世纪古罗马末期，在"算术""音乐""几何学""天文学"这四门科目的基础上，又增加了语言相关的"语法""修辞学""辩证法"，形成了具有七门科目的"博雅教育"的内涵。这七门科目作为人类应当具备的实践性知识与学问的基础，自 19 世纪后半期起一直延续到 20 世纪，在西欧的大学制度中被广泛应用。

迈向博雅教育

如今，以 IT 与 AI 技术革新为主的"第四次产业革命"正在改变我们的产业结构，而数学已成为掌握这两种技术的"必修"科目。这正是回归了数学的词源"mathematics"的本意。

过去，数学仅仅是理科生的专长，或者擅长的人自得其乐并不加以宣扬的知识，而现在，这一切发生了改变。未来，无论是文科生还是不擅长数学的人，恐怕都无法避免与数学的接触。然而，我不希望数学就此成为"强制性的学习科目"。

我心中的"博雅教育"是任何人都在享受的过程中选择想要学习的学科，我相信"数学"一定也有这种吸引人的力量。

欢迎来到曲线博物馆

自然之中皆是曲线

汤川秀树博士（1907-1981）是首位荣获诺贝尔物理学奖的日本人，他曾说道："自然创造了曲线，人创造了直线。"

确实，环顾四周，我们不难发现，钢笔、桌子边、电子产品的轮廓等，这些带有直线的产品几乎都是人工的产物。当然，我们也可以看到自然界也有词源为"直木"（笔直的树木）的"杉"，笔直地挺立着身姿。然而严格来说，杉树的树形也不能说是直线。石、花、山、云也都是由复杂的曲线组合而成的。

尽管如此，在很长的一段时间里，数学界都没有关注过圆以外的曲线。毕达哥拉斯之后，几何学中使用的也只是点、直线和圆。

圆锥的截面

从侧面观察

圆
椭圆
抛物线
双曲线

椭圆的截面
抛物线的截面
双曲线的截面

小

同

大

底角

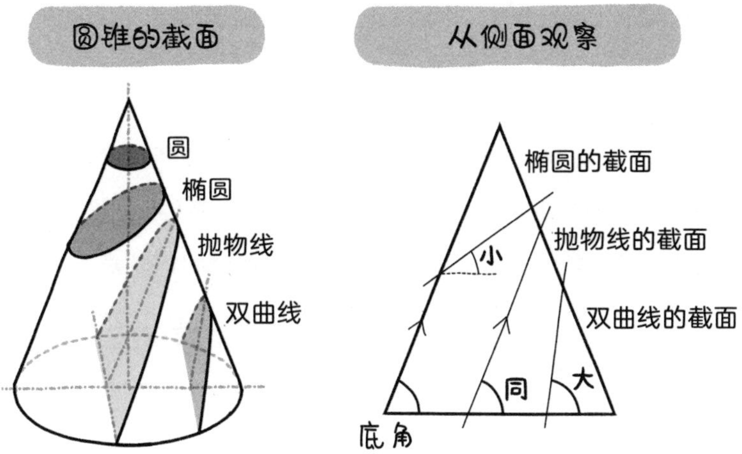

然而，有一个人例外。他便是活跃在公元前 3– 公元前 2 世纪古希腊的阿波罗尼奥斯（约公元前 262– 公元前 190）。

阿波罗尼奥斯对不经过圆锥顶点切割出的截面进行了详尽的研究。他将在截面出现的三种曲线（称为圆锥曲线）分别命名为 ellipsis（不足－亏曲线）、parabole（比喻－齐曲线）、hyperbole（夸张－超曲线）。

这些名称是英语 ellipse（椭圆）、parabola（抛物线）、hyperbola（双曲线）的词源。

阿波罗尼奥斯为何这样命名呢？与侧面来看圆锥时的等腰三角形底角进行比较，当截面与底边（或与底边平行的直线）间的夹角比底角小时，便为椭圆，与底角相等时便是抛物线，大于底角时便是双曲线。一般认为这样命名是为了区分出现的曲线（说法众多）。另外，当截面正好与底边平行时，截面便出现了圆，但一般认为圆也是椭圆的一种。

曲线方程式

现在一般将圆、椭圆、抛物线、双曲线统称为二次曲线。这是由于这些曲线的方程式分别是由 x、y 的二次方程式（包含 x^2、y^2 的公式）来表示的。现在虽然写为"曲线方程式"，但是曲线能够用公式（方程式）来表示，是因为 17 世纪勒内·笛卡尔导入了坐标、坐标轴和变量的概念。

坐标是指用一组数字来表示平面内或者空间内的点。平面上的点是用类似于（2, 1）的两个数字来表示，空间上的点是用类似于（2, 4, 3）的三个数字来表示。将使坐标与点一一对应的参考直线称为坐标轴。

坐标与坐标轴

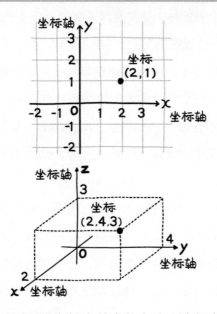

使用坐标轴来表示平面及空间内的点的方法，我们在初中和高中就学习过，所以觉得不足为奇。但对于当时的人们来说，这种用一组数字便可以表示出平面及空间内所有的点，所有数字的任意组合也可在平面及空间

内发现其对应的点的方法，是一种创新。

此外，笛卡尔赋予文字一种可代入所有值的"容器"功能，并将这种文字称为变量。

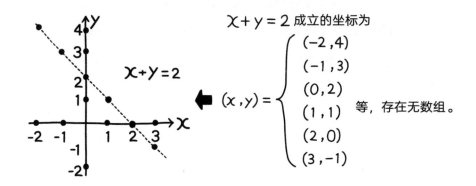

例如，将 x、y 作为变量，在"$x+y=2$"这一公式中，x、y 可以被赋予一定的值，如：

$(x, y) = (1, 1)$

$(x, y) = (2, 0)$

$(x, y) = (0, 2)$

那么就有各种"坐标"可以代入此公式中（代入时等号成立）。并且，将满足"$x+y=2$"的坐标上的点连接起来，会在坐标轴上得到一条直线，因此"$x+y=2$"就是这条直线的表达式。

人类终于成功实现了图形与公式的结合，这可以说是数学史上一次划时代的革命。

得益于笛卡尔的研究，公式不仅可以表示已有的曲线，还可以创造出数学以及物理中有某种特征的曲线。

高迪和圣家堂

阿波罗尼奥斯所发现的圆锥切面处的三种圆锥曲线，在经历了 1700 多年后，也可以用公式分别将其表示出来，并且大家发现，这其中的一条曲线，与抛出物品时物品的运动轨迹相一致。

另外，毕达哥拉斯所证明的勾股定理（见第 087 页），也借助圆的概念增进了理解，而更进一步的费马大定理（当整数 $n>2$ 时，关于 x、y、z 的方程 $x^n+y^n=z^n$ 没有正整数解）的证明与椭圆曲线密切相关。足足花费 350 多年的费马定理的证明，能够成为一项不朽的功绩，也正得益于公式与曲线的结合。

下面，我将为大家介绍两个在初、高中数学中没有出现过的曲线及其公式。

悬链线

由密度（单位体积下的质量）一定的绳子或锁链固定在两端所形成的曲线就是悬链线（catenary）。这一词来源于拉丁语的"catena"，意思是"锁"。

人们会认为，固定两端的锁链形成的曲线应该是长长的抛物线。但是克里斯蒂安·惠更斯认为，悬链线并不是抛物线，公式如图所示（公式里的 e 将会在第 169 页进行详细说明）。

悬链线

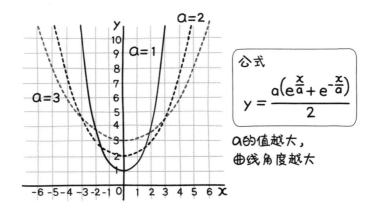

公式
$$y = \frac{a\left(e^{\frac{x}{a}} + e^{-\frac{x}{a}}\right)}{2}$$

a的值越大，
曲线角度越大

　　高压线、吊桥、蜘蛛网等，无论是在人类社会还是在自然界，都能看到悬链线的"身影"。此外，将锁链下垂时的悬链线倒置，在力学上可以实现平衡。

　　因此，许多建筑中便采用了悬链线倒置的拱状设计。西班牙的杰出建筑家安东尼奥·高迪（1852-1926）在其代表作圣家堂及其多部作品中，都采用了悬链线的设计，十分有名（将高迪的悬链拱设计称为"抛物线状"是有失偏颇的）。

　　高迪认为，"美丽的形状在结构上是稳定的，结构须从自然中学习"，因此他的大多数设计并不是纸上谈兵算出来的，而是由实验得出的。在设计建筑的曲线时也是如此，他用绳子和沙袋做出无数个重力砝码，经过无数次实验，最终选出合适的悬链线。他认为只有这种曲线才是能够承受垂直力的最自然、最结实的结构。

悬链曲线

高迪对这一设计的优势持有绝对自信。据说当工匠们对巨石堆积成拱状这一想法感到担忧时，高迪亲自拆除掉脚手架，证明了此结构的安全性。

高迪所设计的实验模型被称为"悬挂模型"，在圣家堂旁的资料室中可以看到。

过山车与欧拉螺旋

1895 年，纽约郊区的康尼岛上，美国第一个旋转式过山车"Flip Flap"（见下页图）开始运营。好奇的游客蜂拥而至，但是当过山车启动时，许多游客陆续出现头部震颤症或者颈部受伤的情况。

这是因为轨道在旋转一圈处时的形状，几乎接近于圆。将直线部分与圆的部分相接，在其连接处，游客会承受强烈的身体负担。

为防止这种情况的发生，旋转式过山车抛弃了"圆"的设计，转而采用一种"回旋线"的形状。由于瑞士的莱昂哈德·欧拉对此进行过详细的研究，所以也被称为"欧拉螺旋"。

　　回旋线从直线开始，越往前弯曲程度越强烈。用驾驶汽车的例子来解释，用一定的速度转动方向盘时，汽车画出的曲线就是回旋线。

　　如果汽车要在直行－拐弯－直行这样的曲线上行驶，那么驾驶员必须要在圆弧部分的开始和最后急转方向盘。如果此时不大幅降低速度，不仅驾驶车辆十分困难，也会对乘客产生很大负担。

回旋线

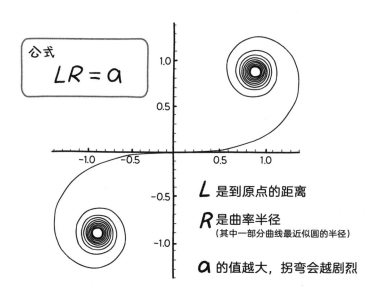

公式

$$LR = a$$

L 是到原点的距离

R 是曲率半径
（其中一部分曲线最近似圆的半径）

a 的值越大，拐弯会越剧烈

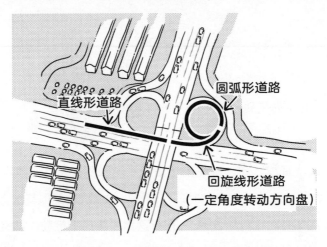

另一方面，如果沿着直线形→回旋线形→圆弧形→回旋线形→直线形的曲线行驶，从直线区间进入回旋曲线区间时，只需要缓慢转动方向盘，且在圆弧区间维持方向盘角度即可顺利通行。驾驶员不仅易于驾驶，乘客也有良好的乘车体验，因此，回旋线也被叫作"友好曲线"。

首次将这种设计应用到道路上的是德国的高速公路（德语为Autobahn）。现如今，世界上大部分高速公路均采用回旋线的形状。

脱离圆的束缚的两位伟人

古希腊毕达哥拉斯之后，人们都认为象征"完全的和谐"的宇宙星体的轨道是圆形的。不管是认为宇宙中心是地球的地心说，还是波兰的尼古拉·哥白尼所提倡的日心说，都认为星体的运行轨道是圆形的。

然而，当要证明星体围绕圆形轨道运动时，无论是地心说还是日心说，都需要极其复杂的理论，并且经过庞大的计算之后，所推导出的星体位置时常与其实际位置有偏差。

　　这时，支持日心说的德国的约翰尼斯·开普勒通过精心调查、观测结果，作出了行星的运行轨道是椭圆形的假设。他发现，比起以圆形轨道为前提，这个想法能更加简单且准确说明行星的运行轨迹。开普勒做出假设，包括地球在内的所有行星围绕太阳转动的轨道是椭圆形的，并且编制了预测行星运动轨迹的天文表，被称为《鲁道夫星表》。

　　这张行星表的精确程度是以往的 30 多倍，这也确定了日心说的优势地位。此外，英国的牛顿在开普勒理论的基础上，得出了"万有引力"等普遍性物理法则，小至地上的石子，大至行星的运行都可以一并解释说明，由此，地心说便完全成为过去式。

　　17 世纪前期出现的两位伟人——笛卡尔和开普勒，将人类从圆的固定观念中抽离了出来。这对于近代科学——观察并用数学记述不加修饰的自然事物来说是十分重要的一步。

平面密铺瓷砖中的数学问题

阿尔罕布拉宫的几何学图案

位于西班牙古城格拉纳达的阿尔罕布拉宫，其占地面积约 15 万平方米（相当于 3 个东京巨蛋），当时宫殿里生活着国王及贵族约 2000 人。

"阿尔罕布拉"一词源自伊斯兰语，意为"红堡"。在这片辽阔的土地上，无数壮丽的建筑鳞次栉比，皆为伊斯兰建筑登峰造极的杰作。据说当时看到这无与伦比的建筑，有人感叹道："这是国王施加魔法建成的宫殿。"

在以禁止崇拜偶像为教义的伊斯兰教的统治下，建筑的装饰没有以动物和人类为主题，而是运用了几何学图案，这样的图案在阿尔罕布拉宫中随处可见。尤其是仅用几种基本图形，便天衣无缝地铺满了整个墙壁和天花板，抑或被形状各异的瓷砖镶满整个墙面，令人叹为观止。

荷兰画家、版画家莫里茨·柯内里斯·埃舍尔（1898—1972），用整整三天的时间，精心临摹宫殿内的装饰，从中受到了极大的启发，感叹"这是无限延续的图案创造出来的美"。

提及埃舍尔，正如他的作品《瀑布》中描绘的水由低处流向高处的画面那样，他是描绘不可能存在的建筑结构，即所谓"错觉画"的第一人。在他的《变形》系列（1937—1940）中，用不断变化的图案覆盖整个画面的画风极具个性。阿尔罕布拉宫的参观无疑对他后期的作品产生了直接的影响。

实际上，《变形》系列的第一幅作品创作于参观阿尔罕布拉宫后的第二年。埃舍尔在他的作品中，运用了伊斯兰教中没有使用的动物主题，创作出运用重复图案的作品，其独特的画面引人入胜。

可密铺平面的正多边形是几边形？

实际上，如果想要用瓷砖不留空隙、不重叠地覆盖无限延展的平面，那么对瓷砖的形状是有要求的。例如用正五边形的瓷砖便无法达到平铺的效果。这是因为正五边形的一个角为 108 度，若三个正五边形相拼，那么一个顶点处的三个角便是 108 度 ×3=324 度，不足 360 度，会有空隙；若四个正五边形相拼，那么角便超过了 360 度，会有重叠，见下页图。同理可知，密铺平面的正多边形（所有角相等的多边形），需要满足"角度大小 × 整数 =360 度"这一条件的才可以。而这种正多边形，仅仅有正三角形、正四边形（正方形）、正六边形三种。

一般来说，使用几种平面图形（图案）不留空隙、不重叠地将平面铺满的方式被称作平面镶嵌或平面密铺。那么，选择何种图形进行平面密铺的问题，便是平面镶嵌问题。

正五边形会产生缝隙

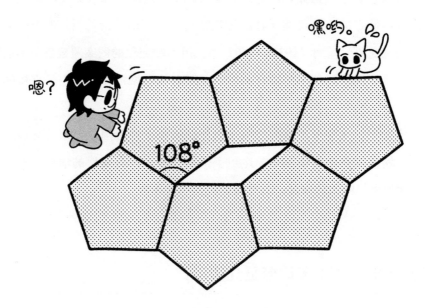

那么，正三角形之外的三角形是否可以呢？实际上，无论是何种三角形，都可以平面密铺。这是因为，准备两个相同的三角形，上下相反放置，便可得到一个平行四边形，再将其四周都铺满平行四边形，便可以密铺平面。

实际上，四边形也是如此。如下页图所示，将相同的四边形上下相反放置，两条对边重合便形成一个平行的六边形，可以不留空隙地覆盖平面。

平行四边形可以不留空隙地覆盖

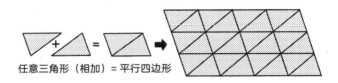

任意三角形（相加）= 平行四边形

平行六边形可以不留空隙地覆盖

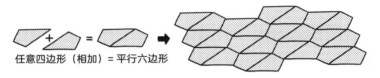

任意四边形（相加）= 平行六边形

上图中所示的四边形没有凹陷，被称为"凸四边形"，但即便是有凹陷的"凹四边形"也同样可以拼出平行六边形，完成平面密铺。

五边形的验证

到此为止，我们已经知道，任意的（自由选择）三角形及任意的四边形都可以实现平面密铺。

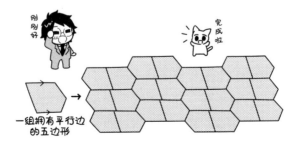

一组拥有平行边的五边形

我们已经验证了三角形、四边形，那么接下来就是五边形了。然而，五边形的验证相对复杂。

　　如之前所述，正五边形是无法平面密铺的，因此不是所有的五边形都能够平面密铺。但假设是拥有"一组平行的边"的不规则五边形的话，也可如上图一样完成平面密铺。

　　截至目前（2019年11月），共发现了15种可平面密铺的凸五边形（无凹陷的五边形）。

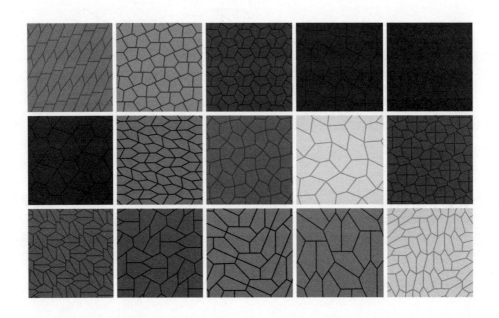

　　1918年，德国的卡尔·莱因哈特在其大学毕业论文中，发表了"五种可以密铺平面的凸五边形"的观点，由此，凸五边形的平面密铺问题在数学上开始引起讨论。

　　对于六边形以上的多边形的平面密铺，莱因哈特也进行了证明。他认为，满足条件的凸六边形有三种，没有满足条件的凸七边以上的多边形。而对于凸五边形是否还存在其他类型这一点没有明确说明。换言之，截至目前，凸多边形的平面密铺问题仅集中在五边形的问题上。

一位主妇解决的难题

1968 年，在莱因哈特的论文发表 50 年之后，又发现了三种可密铺平面的凸五边形，截至当时共发现了八种。新发现的三种可密铺平面的凸五边形足足花费了 50 年的时间，由此可见凸五边形平面密铺问题是极其复杂的难题。

在 1975–1977 年间，又连续发现了其他五种。然而这都不是数学家们的功劳。其中一种的发现者是计算机科学家理查德·詹姆斯三世，而其余四种的发现者竟是一位名为马乔里·赖斯的家庭主妇。据说赖斯非常喜欢手工拼布，对杂志专栏上介绍的多边形密铺问题很感兴趣，于是她在照顾孩子的同时，不断思考各种各样的密铺图案。此时，一共发现了 13 种可平面密铺的凸五边形。

1985 年，当时还是大学生的罗尔夫·施泰因发现了第 14 种可密铺平面的凸五边形；2015 年，华盛顿大学的研究室借助计算机程序发现了第 15 种凸五边形。关于第 15 种，可见下页图，将 12 个灰色的五边形作为一个整体，将其上下左右移动，通过拼接来密铺平面。像这样，将几个图形作为整体进行平行移动来密铺平面的方式叫作"周期性密铺"。"周期性"意为"重复同一种移动动作"。在第 15 种凸多边形平面密铺的发现上，一个整体所包含的五边形数量竟多达 12 个，因此发现的过程必须要借助计算机程序。

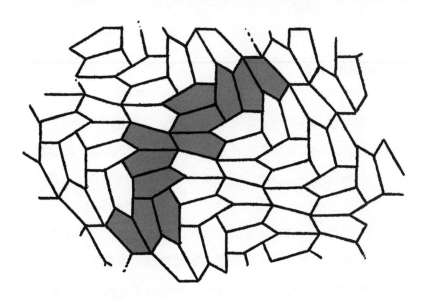

美即是真，真即是美

在平面密铺问题上，必须要谈到一个人，那便是英国的罗杰·彭罗斯
（1931- ）。罗杰·彭罗斯与理论物理学家斯蒂芬·威廉·霍金（1942－
2018）共同证明了黑洞的"奇点定理"，他们从"光无法到达的区域即信
息无法到达的区域"得到启发，提出其界限为"事件视界"，一举成名。
另外，他还提出了大脑的信息处理与量子力学密切相关的假说，是一位在
宇宙论和量子论上都留下丰功伟绩的物理学家。

彭罗斯非常喜欢埃舍尔，因此对平面密铺问题颇有兴趣，他设计了所
谓的"彭罗斯贴砖"。彭罗斯贴砖是指，将两种菱形依据某种法则进行排
列，可以铺满平面，如下页图。值得一提的是，这样的排列方式绝不是周
期性密铺。在彭罗斯贴砖中，随意平行移动任何一部分，都存在完全不重
叠的其他部分。

彭罗斯贴砖

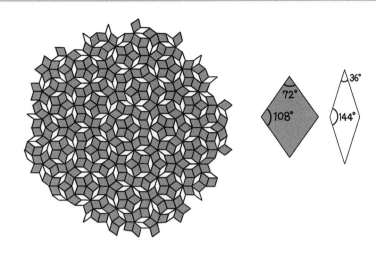

像彭罗斯贴砖所代表的非周期性密铺的方式，直到进入 20 世纪在数学界才被发现。在 15 世纪的伊斯兰建筑中，人们发现了与彭罗斯贴砖同样的图案。作为一名贴砖匠，其对美的追求，达到了与数学上的非周期性密铺法相同的目标，而贴砖匠的成就还领先了 500 年，这个事实尤为有趣。

但是，故事不仅如此。

1982 年，以色列的化学家丹尼尔·舍特曼（1941-　）发现了缺少周期性晶体构造的合金。至此之前，"晶体"是周期性的结构这一观点已是学界的"常识"，因此在舍特曼发表这一观点之初，受到了强烈的批判。但他从理论角度证明了彭罗斯贴砖问题，论证了非周期性结构的晶体（称为准晶体）存在的合理性。之后，"准晶体"陆续被发现，舍特曼的功绩得到世人认可，并于 2011 年荣获诺贝尔化学奖。

当思考"数学的美"时，我总是想到一句话。这句话出自 19 世纪初的英国诗人约翰·济慈的作品《希腊古瓮颂》，其最后一节中写道：

"美即是真，真即是美。（*Beauty is truth, truth beauty.*）"

对美的追求和对事实的追寻，一定是极其相似的过程。

第 4 章

了不起的方便

石头计数与丰臣秀吉的绳子

"石头"与"物体"的对应

英语中的"计算"是"calculation"，由意为"石头"的"calc"与意为"做"的"-ation"构成。另外，意为"微积分学"的"calculus"也有"结石"和"牙石"之意。人类接触数字之初，将石头作为计数的工具，因此计算和微积分学等词汇含义都与"石头"有关。

太古时期，我们的祖先还无法数 3 以上的数字，认为 3、30、100 这些都是"许多"（有多种说法）。但是随着生活的需要，必须使用 3 以上的数字。例如，在饲养着几头牛的农户家里，主人每天的工作就是要在放牧前，把每头牛对应一块小石头，等放牧归来再将同样的小石头与牛一一对应，以此确认牛的数量。

在那个无法使用大数字的时代，人们将物体与石头一一对应。这里"用石头计数"便意味着"计算"。

"一一对应"是指，当存在 A、B 两个集合时，A 集合中任意一个元素在 B 集合中有且仅有一个元素与之对应，且 B 集合中任意一个元素在 A 集合中有且仅有其唯一对应的元素的现象。

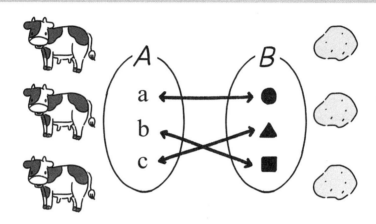

一一对应

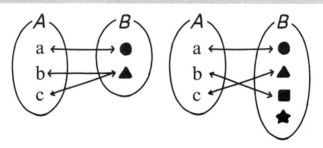

非一一对应的案例

例如，日本自 2015 年开始实行的"个人编号制度"，政府为所有拥有住民票的公民每人（包括未成年人）发放一个 12 位数字组成的号码。只要是在日本拥有住民票的人，便有一个编号与其对应，并且每个编号指定到个人，即"在日本拥有住民票的个人"的集合与"个人编号"的集合是一一对应的。

但是，某所高中"A组（学生数为40人）学生"的集合与"生日"的集合（一年为365天，所以有365个）便不能说是一一对应的。因为每个学生的生日只有一个，在上述情况中，40名学生无法对应365个生日，至少有325个生日是没有相对应的学生的。

另外，一个生日可能会对应两个以上的学生（学生生日相同）（40名学生的班里，生日相同的概率竟意外的高，约为89%，见下图）。

补充：求40人中生日相同的概率的方法

先求40人中，没有相同生日的概率。

首先，随机选择一人，无须考虑此人的生日。

下一个人（第2个）与第1个人生日不同的概率为$\frac{364}{365}$，

下一个人（第3个）与前两个人生日不同的概率为$\frac{363}{365}$……依此类推，

40个人中没有相同生日的概率（所有人的生日不同的概率）便为：

$$1 \times \frac{364}{365} \times \frac{363}{365} \times \frac{362}{365} \times \cdots\cdots \times \frac{326}{365} = 0.1087\cdots\cdots$$

那么，40人中，有相同生日的概率便为：

$$1- 0.1087\cdots\cdots = 0.8912\cdots\cdots，约89\%。$$

随便计算不同人数的组中有相同生日的概率，可得到下表。

当小组人数为60人以上时，概率超过99%。

小组 人数（人）	5	10	15	20	25	30	35	40	45	50	55	60
相同生日的 概率（%）	2.71	11.69	25.29	41.14	56.87	70.63	81.44	89.12	94.10	97.04	98.63	99.41

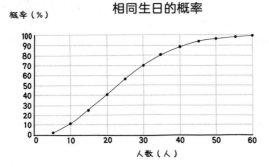

相同生日的概率

数学天赋过人的丰臣秀吉

我们都知道丰臣秀吉拥有极高的数学天赋。介绍一个小故事，当丰臣秀吉还是织田信长的家臣时，他便巧妙使用"一一对应"的方法，加深了织田信长对他的信任。

当时，织田信长命令步卒们数一下后山上的树木数量，步卒们便奉命行事，但迅速陷入了混乱。因为在分工数树的过程中，不清楚同一棵树是否被其他人数过。见此状，丰臣秀吉对步卒们说道："大家不用数数了，我这里有1000根绳子，你们只需在每棵树上挂一根绳子就行。"步卒们再次进入后山。一个小时左右，所有的步卒都完成任务，丰臣秀吉数了下剩下的绳子，还剩220根绳子，那么后山便有780棵树。秀吉将难以数清的树木数量与便于数清的绳子数量一一对应，出色地计算出了后山上的树木棵数。此事之后，信长和家臣们都对他刮目相看，十分佩服。

在邀请了100位客人的婚宴上，看一眼便可清楚客人是否到齐。因为通常婚宴上，只准备招待客人数的席位。并且一般来说，事前决定好的席位，如果有缺席者，查看座次表便可清楚缺席的客人。

此外，在想得知电影院的到场人数时，在影院内"1人、2人、3人……"的数是十分麻烦的（观众会中途移动、去厕所），只需数一下在入口处撕下的副券即可。

像这样，在现代社会中，为了更有效地数清数量，也普遍采取一一对应的方法。

笛卡尔的努力

不仅只有计数的情况适用一一对应的方法。通过导入坐标，用公式来表达图形和表格，也是由于图形上的点与 (1, 2) 等一组数字是一一对应的关系（见第 117 页）。

观察笛卡尔导入坐标的经过，可以发现有超越计数层面的深层含义。他将几何学上遇到的困难，进行了公式的变形处理，即转换成一种机械性的公式演算。

学生时期，比起解方程式，更多人发愁如何解图形问题。观察我补习班的学生可以发现，一次方程、二次方程、方程组等问题，只要教给他们解题方法，几乎都能学会。实际上，这些基础的方程式有其固定的解题方法，所以只要知道其解题步骤便可作答。

但是图形问题便行不通了。即便知道某道问题的解题方法，其他问题中也会出现新的难题，很伤脑筋。这也是为什么经常会说做图形问题时，需要"天赋"和"灵感"。

笛卡尔自身也感受到了这种困境。他为了将几何问题转换为解方程式（方程的变形）这一简单操作，运用了图形与数字（坐标）一一对应的方法。

将难懂的困难的问题，通过一一对应，转换为更为单纯的问题，这一方法也适用于计算机的算法（计算步骤）中。如果这一方法可行，将会减轻计算机负担，迅速导出结果。

除此之外，在函数领域，一一对应关系也十分重要。

在此，我们复习一遍函数。"y 是 x 的函数"是指"y 的值由 x 的值决定"。

日语中的"関数（函数）"原本是从中国传入的词汇，当时写作汉字的"函数"。1958 年，日本文部省想要借助日语常用汉字统一学术术语，选用了"関数"，但"函数"的写法更容易理解其本质。

函的日语为"はこ（有容器、匣子之意）"，那么"y 是 x 的函数"便可以认为成，y 是从输入 x 值的"函（匣子）"中得到的数字。但这并不是随随便便的"函"，而是如街上的自动售卖机一般，按下按钮（输入）便有一种相对应的商品（输出），是一种"可信任的函"。

然而，有时自动售卖机中会有多个按钮对应同一种商品的情况，输出的商品无法特定到一个按钮，即许多自动售卖机的按钮与商品的种类并不是一一对应的。这也就是说，有时一种原因有相对应的一个结果，但是一个结果无法特定到一种原因。

哆啦 A 梦的道具

你是否碰到过男（女）朋友心情不好，但你搞不清原因而发愁的情况？抑或高尔夫球杆数落后的情况？如果找到具体原因便可立即改正。因为是早上，所以恋人心情不好；因为一号木杆发力过猛，所以击球右曲。大多数情况下我们可以从原因推导出结果，但是如果能顺利从结果寻得原因，便更好不过了。

函数的"函"

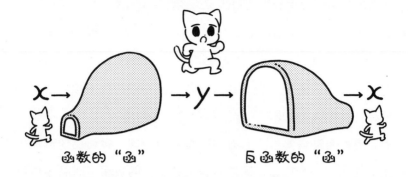

函数的"函"　　　　　反函数的"函"

从原因推导特定结果，从结果推导特定原因，这时，原因与结果间便产生了一一对应的关系。

同样，当"y 是 x 的函数的同时，x 是 y 的函数"时，x 与 y 便一一对应，这种情况在数学中被称为"存在反函数"。

如果某个函数存在反函数，那么通过函数的"函"，就可以将 x 转化为 y 后，再反向通过"函"，将 y 还原为 x。你可以想象为哆啦 A 梦的秘密道具"缩小隧道"，会更容易理解（"缩小隧道"是指一边开口大，一边开口小的隧道，人从大的一边进入会变成小人，再从小的一边返回便会恢复原状的道具）。

函数上的一一对应（反函数），也被广泛应用在计算机中数据交换时的"压缩"功能中。

压缩数据的方法，有可逆压缩和不可逆压缩之分。可逆压缩是指，可以将压缩后的文件恢复原状的压缩方法。而不可逆压缩，即压缩一次之后，便不可恢复原状。用图像文件来说明的话，"PNG 文件"是可逆压缩，而"JPEG 文件"为不可逆压缩。

在可逆压缩中，因为使用了存在反函数的函数，所以原文件数据与压缩后的文件数据是一一对应的。而在不可逆压缩中，压缩后会失去一部分原文件数据，因此原数据与压缩后的数据并不是一一对应的。但是，相比可逆压缩，不可逆压缩有使文件变小这一优点。想要达到节省空间的效果，就要运用没有反函数的函数，即非一一对应的转换。

　　数学是在数字诞生的很久之前，在"一一对应"的实践中发展起来的。正因如此，"理解一一对应关系"便与"理解顺序关系""善于观察""善于抽象提取"等能力并列成为数学的基本能力。

费米估算与"估算"

估算牛仔裤的市场规模

我现在仍清楚地记得大学一年级时和朋友的对话，那是我提起的话题。

"你有几条牛仔裤？"

"怎么突然问这个？"

"没什么，我昨天买了一条牛仔裤，忽然好奇大家都有几条牛仔裤。"

"我……现在大概有三条吧，穿坏的已经扔了。"

"我也差不多。你一年买几条？"

"嗯……一年买一条吧。"

"大家都差不多吧？"

"有买得多的人，也有不怎么买的人，不过我们这一代（20多岁），
应该都差不多吧！"

"应该是，我们平时也不怎么时尚。"

"不过，上了年纪的人可能根本不买，所以从全体国民的角度考虑的话，应该是每人每年平均买0.5条吧！"

"确实。按这样计算……日本人口大约为1.2亿，那就是1.2亿×0.5，大约有6000万条。牛仔裤的平均单价是多少呢？"

"有牌子的牛仔裤卖到一条10 000日元，但是那些没牌子的，还有童装裤子，也有比较便宜的，按一条平均5000日元来算的话，日本的牛仔裤市场就是……6000万×5000日元，大概3000亿日元？"

"0.3兆日元啊。大概占日本GDP（约为500兆日元）的0.06%。相当于1000个落合选手的年收入啊（当时，职业棒球选手落合博满选手的年收入是3亿日元左右。我和朋友当时都喜欢棒球）。那么，整个世界的牛仔裤市场是多少呢？"

"世界啊？世界上也有人根本不穿牛仔裤，所以平均每个人每年购买的牛仔裤数量应该是更少的吧。大约每人每年买0.1或者0.2条吧？"

"那就按每人每年0.2条计算的话，世界总人口大概是60亿（2000年的数据），60亿×0.2×5000日元，也就是6兆日元左右吧。"

"这样啊……"

大概就是这样。虽然对话内容很无聊，但是却算出了国内和世界牛仔裤市场规模的估算值，这件有趣的事我一直记到了今天。

值得一提的是，在2020年的今天，牛仔裤的国内市场规模约为1000亿日元，国际市场规模约为6兆日元。虽然国内市场规模不到我们算出的结果的二分之一，但是，之前有本杂志上的报道写"由于年轻人逐渐不穿牛仔裤，有的店销售额和20年前相比减少了一半"，这说明我们当时的估计值差得也不算多。

而且像这样的估算方法，结果只要不是"大相径庭"就足够了。国际市场规模的数值虽然和估算结果一致，但是现在世界总人口数约为 75 亿，所以当时应该还是少算了一些。不过，不管是哪种结果都不算离谱（题外话，当时那位朋友正在我们的母校东京大学以副教授的身份教书育人）。

原子能之父与费米估算

我与朋友间推测大概数值的行为称为费米估算。近年，在各类企业的入职考试中，经常会有"东京有多少个下水道口？"这类的问题，费米估算已经成为应聘者的必备技能。

20 年前，在我还是学生的时候，尚没有"费米估算"这个词。这个词首次出现应该是在 2004 年出版的由史蒂芬·韦伯著的《如果有外星人，他们在哪里：费米悖论的 75 种解答》一书中。

但是，"推测大概的数值"这个行为从以前开始就理所应当地存在于理科生的学习生活中。

实验时，往往需要先确定一个假设（为了说明某种自然现象而进行的猜想，通过实验的认证假设就会成为一个新的法则或者理论），假设的结果就是提前估算得出的。如果没有这一步，就没有办法确定准备哪种精确度的实验仪器。

如果在实验开始时对结果进行估算，当出现明显的"奇怪的数值"或"和设想大为不同的数值"时，就可以合理推测出实验是失败的（或是未曾想到的新发现）。

"费米估算"这个名字来自原子能之父恩利克·费米（1901–1954）。不管是作为理论物理学家还是实验物理学家，费米都取得了显著的成就，同时他也是推算能人。据说他在炸弹爆炸时扔下纸巾，通过爆风中纸巾的运动轨迹估算出了火药的用量。

费米在芝加哥大学演讲时，向新生们提出了一个闻名后世的问题：

"芝加哥有多少位钢琴调音师？"

为什么费米向物理专业的新生们提出这个问题呢？他是想传达在学习物理的过程中，必须要掌握推断未知事物的能力，并不是真的想要知道准确的数据（人数）。

想要掌握芝加哥的钢琴调音师的准确人数的话，只要打电话给芝加哥钢琴调音师协会（不知是否真的存在）之类的组织进行确认即可。重要的是，能否通过自己已经掌握的数据，从逻辑上对未知的数值进行"大概数值"的估算。

费米估算的顺序见下一页的流程图。让我们一起按照顺序解答"芝加哥的钢琴调音师的数量"的问题。

①确立假设。

假设"芝加哥钢琴调音师的供给与需求是平衡的"，那么"每个调音师都是必要的存在"。

②将问题分解为多个要素。

列举解答问题所必需的信息和估算值。

● 芝加哥的人口数

● 每个家庭的平均人数

● 拥有钢琴的家庭数量及其占比

● 平均每架钢琴每年调音的次数

● 平均每个调音师每年调音的次数

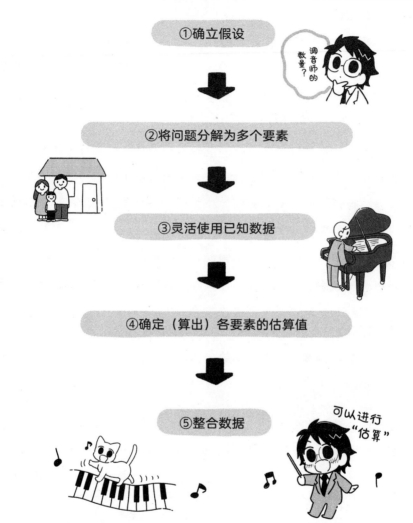

费米估算的流程

①确立假设

②将问题分解为多个要素

③灵活使用已知数据

④确定（算出）各要素的估算值

⑤整合数据

③灵活使用已知数据。

估计芝加哥有多少调音师所必需的数据之一——芝加哥的人口总数。芝加哥的人口数量大约为 300 万人（这个数据对于我们或许比较陌生，但是对于芝加哥大学的学生来说，应该是"常识"）。

④确定（算出）各要素的估算值。

估算值 1：每个家庭的人数。

300 万人口的城市大约有多少个家庭呢？考虑到有的家庭只有 1 个人，有的家庭有 4 个人，有的甚至有 10 个人，在进行计算时就按平均每个家庭 3 人来估算。

估算值 2：拥有钢琴的家庭数量及其占比。

那么，第一个估算值中有多少家庭拥有钢琴呢？虽然日本和美国的情况会有所不同，但让我们回忆一下在小学的时候班里有多少同学学习钢琴。在 40 人（男女同校）的班级中，大概有 4-5 人学习钢琴（我小学就读的是男子学校，班里学习钢琴的只有 1-2 人）。

由此可以推测，拥有钢琴的家庭应该占所有家庭的 10% 左右。在初、高中时期有不少人会放弃钢琴学习，这时应该去掉不被使用的钢琴（因为没有调音的机会），但同时需要考虑到在家庭以外，如学校、市民公馆，某些公共设施的大厅里会放置钢琴，所以大约就是这个数值。

估算值 3：每架钢琴每年调音的次数。

每架钢琴每年平均需要调音一次。

估算值 4：每个调音师每年调音的次数。

计算每个调音师平均每年调音的钢琴数。可能会有多少架呢？钢琴调音是一种重体力劳动，极为耗时。无论怎样加快速度，一天之内最多也只能给 3 架钢琴进行调音。

除此之外，钢琴调音师每周休息 2 天，一年共工作 250 天。

3 架 / 天 × 250 天 =750 架，所以一名调音师一年能够调音的钢琴数量为 750 架。

家庭数：

300（万人）÷3（人／家庭）=100（万家庭）

钢琴的数量：

100（万家庭）×10%=10（万架）

每年最少调音次数

10（万架）×1（次／每架）=10（万次）

每年最少需要调音师的人数

10（万次）÷750（次／每人）=133.3……（人）

⑤**整合数据。**

根据以上内容可以估算芝加哥的钢琴调音师的人数。在计算之后，我们估计钢琴调音师的人数大约为133人。

但是，这只是我个人的估算，133人并不一定就是实际答案。只要使用已知的数据和估算值，进行合理的推导，即使最终的结果不是133人，这一数据作为一个估算也是"正确"的。

费米估算不会出现巨大偏差

费米估算方法要在不断练习中才能熟练掌握，希望大家也多多尝试。比如，每年能卖出多少辆汽车、国内红酒的销量、足球运动员每场比赛跑的距离、人身上的细胞数量……这些身边的数字都可以进行估算。

实际上，如前文所提及的牛仔裤的案例一样，使用费米估算方法对数值进行估算，往往和正确结果不会相差太多（最起码不会天差地别）。你可能会觉得有些不可思议，这主要是由于各估算值的盈亏在相互抵消。

所有的估算值都过高或过小的情况很少出现。这就说明费米估算的诀窍就在于尽可能把问题切分为多个细小的问题。一般来说，细小的问题越多，越不会出现估算数值和真正的结果大相径庭的现象。

读到这里的你，如果是一个对数字不敏感的人，想要改变这种现状的话，推荐你尝试练习费米估算。你可能会认为难度超出了自己的能力。可是，费米估算方法中运用的计算一般都是简单的运算，算出的结果只要不是和正确答案大相径庭就可以。而且，当你能慢慢习惯这种估算方法后，即使未来碰到不了解的领域，也可以估计个八九不离十。如果通过估算能让你喜欢上数字的话，我也倍感喜悦。

首位出现最多的数字

何谓本福特定律？

我们的身边存在着许多数字。读报纸、看书、浏览网络新闻时一定会遇见数字。除此之外，营业额、通信费、住址、人口、股价等也都是以数字来表示的信息。

数字是由 0—9 组成的。其中首位（最高位的数字）数字也肯定是 0—9 中的一个。那么在所有数值中，出现在第一位上次数最多的会是哪个数字呢？

有些人可能会想："每个数字都有可能出现，难道概率不是一样的吗？"又或者："时间和场合不同，出现的情况也应该完全不同，怎么可能得出结论呢？"

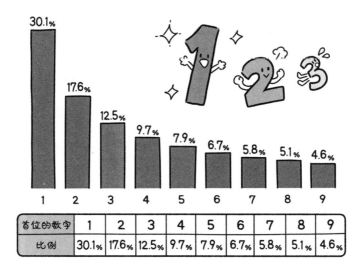

各数字出现在首位的比例

首位的数字	1	2	3	4	5	6	7	8	9
比例	30.1%	17.6%	12.5%	9.7%	7.9%	6.7%	5.8%	5.1%	4.6%

但是，首位上的数字的表示方式有着明显的规律性。

首先，首位上的数字出现的次数是不一样的。首位上出现次数最多的是数字 1，以 1 为首位的数字约占全体数字的 30%。

假设 1—9 出现的比例是相等的话（首位不存在 0 的情况），那每个数字出现的比例应该是 1/9 ≈ 11%，和这个数值比起来 30% 是一个比较高的比例。

值得一提的是，首位上的数字越大，它所占的比例就越小，以 9 为首位的数字仅占到全体数字的 4.6%。

这就是本福特定律。

上面的条形图是基于本福特定律计算得出的结果。从中我们可以发现，以 1—3 为首位的数字占据全体数字的 60% 多。

这个定律是美国物理学家法兰克·本福特（1883—1948）在 1938 年提出的。朱利安·哈维尔在其著作《不要大惊小怪！——一些"荒唐"观点的数学证明》中提到，当时本福特收集了超过两万例有关相对分子质量、人口、新闻报道等的数字样本，最终才得到了这个定律。

本福特的调查结果

首位数字	1	2	3	4	5	6	7	8	9	样本数
河流流域的面积	31	16.4	10.7	11.3	7.2	8.6	5.5	4.2	5.1	335
人口	33.9	20.4	14.2	8.1	7.2	6.2	4.1	3.7	2.2	3259
物理常数	41.3	14.4	4.8	8.6	10.6	5.8	1	2.9	10.6	104
新闻报道中的数字	30	18	12	10	8	6	6	5	5	100
比热容	24	18.4	16.2	14.6	10.6	4.1	3.2	4.8	4.1	1389
压力	29.6	18.3	12.8	9.8	8.3	6.4	5.7	4.4	4.7	703
热泵损失	30	18.4	11.9	10.8	8.1	7	5.1	5.1	3.6	690
相对分子质量	26.7	25.2	15.4	10.8	6.7	5.1	4.1	2.8	3.2	1800
排水量	27.1	23.9	13.8	12.6	8.2	5	5	2.5	1.9	159
相对原子质量	47.2	18.7	5.5	4.4	6.6	4.4	3.3	4.4	5.5	91
$1/n$, $\sqrt{n}$	25.7	20.3	9.7	6.8	6.6	6.8	7.2	8	8.9	5000
设计	26.8	14.8	14.3	7.5	8.3	8.4	7	7.3	5.6	560
读者文摘	33.4	18.5	12.4	7.5	7.1	6.5	5.5	4.9	4.2	308
成本数据	32.4	18.8	10.1	10.1	9.8	5.5	4.7	5.5	3.1	741
X线电压	27.9	17.5	14.4	9	8.1	7.4	5.1	5.8	4.8	707
美国联盟	32.7	17.6	12.6	9.8	7.4	6.4	4.9	5.6	3	1458
黑体	31	17.3	14.1	8.7	6.6	7	5.2	4.7	5.4	1165
住址	28.9	19.2	12.6	8.8	8.5	6.4	5.6	5	5	342
数学常数	25.3	16	12	10	8.5	8.8	6.8	7.1	5.5	900
死亡率	27	18.6	15.7	9.4	6.7	6.5	7.2	4.8	4.1	418
平均值	30.6	18.5	12.3	9.4	8	6.4	5.1	4.9	4.8	20 229 总计
理论值	30.1	17.6	12.5	9.7	7.9	6.7	5.8	5.1	4.6	

上一页的表格是本福特的调查结果的总结。其中包括热泵损失（热泵＝收集热量的装置，即计算热泵的能量损失）、黑体（完全不反光的物体）相关的数据等物理学家所研究的专业内容，像这样的大约两万个例子的平均值和理论值都非常接近，这一结果令人惊讶。单独观察每个例子，比如"河流流域的面积""新闻报道中的数字""压力""设计""住址"等数据中出现的数字和理论值也十分接近。相反的是，"物理常数""相对分子质量""相对原子质量"等数值则和理论值的误差相对较大。

细菌呈现指数函数式增加

为什么在某些数据上，会出现估算值和理论值完全一致或完全不一致的情况呢？

让我们更加直观地来分析一下本福特定律之所以成立的理由吧。

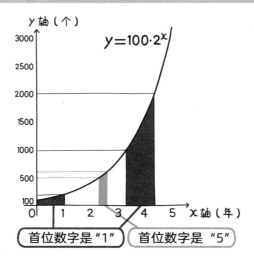

细菌呈指数函数式增加

比如，以细菌的繁殖为例，在自然界中，细菌的数量在一定时间内会变为原来的两倍，这是常见的现象。

我们假设细菌的数量一年后会变成原来的两倍，最初的 100 个细菌一年后变成了 200 个，两年后变成了 400 个，三年后变成了 800 个，四年后变成了 1600 个。我们把这样的增加方式称为指数函数式递增。上一页的图表详细地展示了这种增加方式。

在这个例子中，从 100 个增加到 200 个需要一年的时间。在这期间，个数中首位的数字一直都是 1。此外，如果首位是 5 的话，这一期间（从 500 个增加到 600 个的期间）只有大约 3 个月。

相同的，从 1000 个增加到 2000 个所需要的也是一年的时间，但从 5000 个增加到 6000 个所需要的时间（图表上未显示）大约是 3 个月。在其他情况下，首位上的数字是 1 的时间也要远远长于其他数字。

即使改变单位也是相同的性质吗？

除指数函数式递增的变化情况外，本福特定律也适用于其他情况。比如，会员号是从 1 号开始按顺序生成的（不考虑像 "001" 这样从零开始的情况）。

假设，在会员数为 5000 人的粉丝俱乐部中，首位为 5、6、7、8、9 的会员号要远少于首位为 1、2、3、4 的会员号。下方的表格是将会员数假设为 1000—10 000 人的情况下计算出的结果。

会员号的首位数字统计表

首位数字	1	2	3	4	5	6	7	8	9	会员数
个数	**112**	111	111	111	111	111	111	111	111	1000
	1111	112	111	111	111	111	111	111	111	2000
	1111	**1111**	112	111	111	111	111	111	111	3000
	1111	**1111**	**1111**	112	111	111	111	111	111	4000
	1111	**1111**	**1111**	**1111**	112	111	111	111	111	5000
	1111	**1111**	**1111**	**1111**	**1111**	112	111	111	111	6000
	1111	**1111**	**1111**	**1111**	**1111**	**1111**	112	111	111	7000
	1111	**1111**	**1111**	**1111**	**1111**	**1111**	**1111**	112	111	8000
	1111	**1111**	**1111**	**1111**	**1111**	**1111**	**1111**	**1111**	112	9000
	1112	1111	1111	1111	1111	1111	1111	1111	1111	10 000

[加粗的数字为最多个数]

从表格中可以看出，首位为 1 的数值的个数在所有的会员数中是最多的。

除了会员号这类有顺序的数值外，像人口数量和河流长度这种数值，在一定的范围内数字分散分布的情况下，本福特定律也同样适用。

不过，如电话号码一般由不同规则生成的数值的情况，或者大学考试的分数呈现正态分布的数值（统计学中最重要的分布形态，通常为左右对称的吊钟型分布）的情况，本福特定律则不适用。

同时，不受数值限制的随机数的集合也不适用本福特定律。但是，提取报纸上新闻里面分布情况不适用定律的数字后，再从中随机抽取数据依然适用本福特定律。

和以上的几种情况相比，以下的几种情况更符合本福特定律。

● 符合指数函数式递增规律的数字集合。

● 在某个范围内按顺序生成的数字集合。

● 在某个范围内有可能平均分布的数字集合。

● 从某些分布中随机抽选的数字集合。

为了用数学逻辑验证本福特定律，通常需要保证尺度不变。保证尺度不变意味着即便数字单位发生改变，性质同样成立。若本福特定律能够代表真理的话，即便把（本福特定律的著名案例的）河流或湖泊的面积数换为另一种测量单位，也可以得出同样的结果。

所以，如果首位的数字存在一般规律的话，那一定是尺度不变特征。通过用微分方程表示尺度不变特征并将其求解，可以算出本福德定律，但在本书中我将忽略这个内容（对于此内容感兴趣的朋友，请参见前文提到的《不要大惊小怪！——一些"荒唐"观点的数学证明》一书，其中有更加详细的证明过程）。

查找错误数字的诀窍

谷歌首席经济学家哈尔·瓦里安（1947—　），于 1972 年提出"应用本福德定律可以看穿报表粉饰的现象"。

试图伪造公司账簿的人，如果不知道这个规则，有可能会将伪造的数值的首位数字分布得过于平均，或者过于悬殊。这样以 1 为首位的数值的比例就会和本福特定律相差过大，从而成为伪造的把柄。

实际上，在 20 世纪 90 年代初期就发生过这样的事情。当时会计学校的老师马克·尼格里尼给同学们出了这样一道题："请大家调查企业的收支中各数值的首位数字是否符合本福德定律的分布。"然后有位同学发现，自己亲戚家经营的五金店的账本中的数值和本福特定律有很大的出入，由此发现了账本作假的问题。

在现代，除财务审计，本福特定律还可以对选举中的选票作假进行验证。

寻找有效信息的方法

从数据中挖掘虚假信息

很多人应该都听过"数据挖掘"一词。近几年，它与"大数据"一同被频繁使用。从直译的角度来讲，这个词语的意思就是"从数据中挖掘潜在需求"。这个术语最开始出现在 20 世纪 90 年代后期数据库知识发现 (KDD，Knowledge Discovery in Databases) 的学术研究领域中。

此后，受 2000 年以后的 IT 革命的影响，网络开始普及，计算机的功能实现飞跃性的发展，大数据也开始在商业中不断积攒起来。

于是，能够解析存在于一般社会中的庞大数据，提取其中隐藏的有价值的信息——"数据挖掘"一词开始被广泛使用。

顺便一提，"大数据"一词最早出现在 2010 年英国商业杂志《经济学人》中，当时还出现了一个称为数据科学家的职业，专门研究膨胀的数据，为公司和社会做贡献。

据说在 1992 年发表的《华尔街日报》的报道中介绍了世界上第一个数据挖掘案例。报道中写道："美国一家大型超市分析了他们收银机的数据，发现在下午 5-7 点间购买纸尿裤的顾客经常同时购买啤酒。"由此可以推测"有孩子的家庭中，傍晚的时候妻子拜托丈夫去买纸尿裤，丈夫可能会顺便买瓶啤酒"。另外，如果将纸尿裤和罐装啤酒并排放在货架上的话，销售额很有可能会增加。

我的信用卡曾经被非法使用过，但幸好没有造成太大的损失。因为，我接到了信用卡公司的来电，说"您于 ×× 月 ×× 日在 iTunes Store 消费了 3000 日元，请确认是否为您本人的操作"。

我确实使用过 iTunes Store，但是我不记得自己有进行过工作人员所说的购物。我把这一情况告诉工作人员后，对方说道："您的回复我已了解。这属于非法操作，我们会把您的信用卡做失效处理，因为是非法操作所以不会向您收取任何费用，请您放心。"当时，我认为这家信用卡公司真的很可靠。只是，这家信用卡公司仅靠 3000 日元是如何推断出我的卡被非法使用了呢？其实这依靠的就是数据挖掘的功能。

平常我都会在实体店和网上自由购物。其中有些实体店和网站是初次消费，消费金额也高低不等。即便如此，通过分析我曾经的购买记录（我已经使用这家公司的信用卡超过 20 年了），一定程度上可以得出我的消费规律（我自己察觉不到），然后从中寻找不符合我的消费规律的项目。

信用卡公司储存着所有客户的使用数据。这些数据不仅用于非法使用的鉴别，对于公司营销也起着至关重要的作用。通过将顾客的住所、年龄、性别、职业等基本信息和购物记录相关联，就可以推测出"住在横滨市的 40 多岁的男性，自由职业者"的购物倾向。毋庸置疑，这将有助于制作更有针对性的广告，开发满足顾客需求的商品。

相关关系与因果关系

通常我们把一个变量变化、另一变量也会随之变化的现象称为"相关关系"（如果一个变量增加，另一个变量也增加，则称为正相关，如果一个变量增加，另一个变量递减的话则称为负相关）。如《华尔街日报》的报道中那样，在纸尿裤和啤酒这样的意外的组合中发现相关关系的话，就可以期待销售额的增加了。寻找相关关系是数据挖掘的一大主要工作。

但是，在进行相关关系调查时，需要注意两点内容。第一，你所得到的相关关系只是调查对象的关系。比如我的补习班中的学生中有一种正相关的关系（整体呈现正相关，但也有例外），他们"英语分数越高，数学分数也会越高"。但是，不能将这个现象认为是全国高中生的共同现象。

如果你发现了某个组合之间存在着意料之外的相关关系，或是发现了你所预测的相关关系，一定会按捺不住"我发现了令人震惊（或是令人满意）的规律！"的激动心情。但你并没有调查所有的集合，所以要进行慎重的判断。

第二，要注意即使在两个变量之间存在相关关系，也不能断定他们之间存在因果关系（原因和结果的关系）。

如果 X 和 Y 之间存在因果关系的话，那么它们之间肯定存在相关关系。但是如果对这句话进行倒推，结果不一定成立。

看报纸的人年薪很高吗？

当 X 和 Y 之间存在（正）相关关系时，有以下 5 种可能。

①X（原因）→ Y（结果）的关系。

②Y（原因）→ X（结果）的关系。

③X 和 Y 是同一原因 Z 的结果（Z→X 且 Z→Y）。

④有更复杂的关系。

⑤偶然的关系。

产生相关关系时的可能性

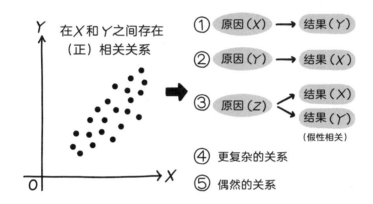

关于①②的情况，例如，假设购买报纸和年薪之间存在相关关系，那么，就可以得出"某个人读报纸的话，年薪可能高！"这一结论。但是有可能不是：

看报纸（原因）→高年薪（结果）

而是：

高年薪（原因）→看报纸（结果）

可能某个人随着年薪的提高，社会地位也随之提高，为了寻找社交话题等原因而增加了阅读报纸的需求。

关于③的情况，比如"如果周末动物园的营业额增加的话，美容院的营业额也会增加。那么如果周末美容院的营业额增加了的话，原因就是动物园的营业额增加了"，这样的推理是错误的。不管是动物园还是美容院都是周末的时候人比较多。二者的营业额增加是因为周末这个"第三个原因"的结果。它们二者的营业额之间并没有直接的因果关系。其实，

周末（原因）→动物园的营业额增加（结果）

周末（原因）→美容院的营业额增加（结果）

只是将这两个因果关系的结果结合在了一起而已。我们称这种相关为共变相关或伪相关。

关于④和⑤的情况，例如，自 2015 年起，东京都地区参加小升初考试的学生人数不断增加。同时使用社交网络服务中照片墙的用户人数也在不断增加。但即便如此，

东京都地区参加小升初考试的考生增加（原因）→照片墙的用户增加（结果）

照片墙用户增加（原因）→东京都地区参加小升初考试的考生增加（结果）

这种想法是明显有误的，也不能认为二者有共同的"第三个原因"（即假性相关）。

东京都地区参加小升初的考生增加的原因可能是，少子化现象所带来的每个孩子的平均教育费用的增加，高考危机给人们带来的不安感，又或是对有特色并且负责任的私立初中增加了期待感等。

照片墙用户增加的原因可能是智能手机的逐渐普及，"标签"文化的

渗透，"ins 风"等流行语的出现等。

东京都地区小升初的考生人数和照片墙用户数量同时在增加，看似有复杂的关系在相互影响，其实只是一种偶然现象。

无论如何，确定因果关系是十分困难的课题。尤其是仅调查分析了部分方面后得到的相关关系，更有必要仔细确认其真伪。

正确的统计与错误的统计

大家听说过这句话吗？"世上有三种谎言：普通的谎言，弥天大谎和统计。"

由统计得出的结果通常依靠数字或者图表来呈现，拥有绝对的说服力。实际上如果有人对你说"根据统计得出……"的话，很多人都会感到难以反驳。但是，统计并不是永远都正确的。有时候数据可能会出现偏差，或者没有采用合适的数据处理方式，更有甚者还有数据本身被篡改的情况。

即使出现了这些情况，受统计本身极强的说服力所影响，即使有失偏颇也未能被淘汰的统计案例数不胜数。

在美国总统特朗普当选时，几乎没有媒体预报特朗普的胜利。包括《纽约时报》在内的许多媒体都提到了民意调查的"统计"内容，几乎所有媒体都报道了特朗普的对手希拉里·克林顿会获胜。但是，当结果揭晓时，才发现这简直是一个弥天大谎。

在今后的时代，受 AI、机器学习兴起的影响，数字的存在感将会越来越强，世界上充斥着愈发混乱的正确的统计数据和错误的统计数据。所以我们才有必要提升真正的统计素养（从统计中读取正确的信息，提取合理含义的能力），从像宝库一般的数据中提取出正确的信息。

统计学改变国家制度

哪里有国家，哪里就有统计

数学大致可以分为两种：纯粹数学和应用数学。

纯粹数学是"用缜密的逻辑思考研究抽象性概念"的数学，而应用数学则是"研究如何将纯粹数学中得出的理论应用于自然科学、社会科学、工业等领域"的数学。

简而言之，应用数学的目的是研究如何让数学在现实社会中起到作用。

纯粹数学主要分为三个领域：研究方程的解法以及由其发展而来的线性代数、数论、群论为主要内容的代数学，以微积分为中心研究函数整体的数学分析学，研究图形和空间性质的几何学。

由于应用数学具有跨学科性（涵盖多个学科），所以拥有多个研究对象，并且（在我的印象中）还在不断增加。其中，统计在近年受到了广泛的关注，其实用性也得到了高度评价。

公众舆论已经反复提到过，统计对我们当今生活而言十分重要，并且本书中也有相关内容，所以在这里我想概述一下统计是如何诞生以及发展的。要想了解什么是统计，就有必要了解其历史。

统计的英语单词"statistics"和德语单词"statistik"都来自拉丁语"status"（国家状态），由此可以看出"统计"这个词是当时的执政者为了调查人口等国情相关的数据而诞生的。

19世纪的法国统计学家莫里斯·布罗克留下了"哪里有国家，哪里就有统计"这句话。

实际上，在古埃及人们为了建造金字塔，就对人口和土地进行了调查，并留下了相关记录。同样，在日本的飞鸟时代（592-710）也有关于农田面积的调查。1592年，丰臣秀吉为了掌握向朝鲜派遣军队的兵力情况，颁布了人扫令，在全国范围内进行了人口普查。

像这样，统计成为国家管理中必不可少的部分。统治者为了向国民征税或是征兵，自然有必要调查清楚在他们的领土上有多少人，这些人都在进行怎样的生产制造活动。

现代国家十分重视统计

从18-19世纪，统计作为各国国家管理的基础，越来越受到重视，因此完善相关体制和统计调查的工作被积极地推进。也是在那个时代，针对居住在日本的所有人和家庭，开始了人口、家庭为对象的近代化国情普查。

法国于1801年建立了世界上首个统计局。法国的拿破仑·波拿巴（1769-1821）说过："统计是有关事物的预算。没有预算就没有公共福利。"在现代国家中展开的国情调查，其对象是调查目标的全体成员，我们把这种没有遗漏的调查称为全面调查。

英国的约翰·格兰特（1620-1674）开创了一个新的统计世界，使之与数千年前起源于古代国家的人口普查区分开来。格兰特基于教会所保存的年死亡率的数据，出版了《关于死亡表的自然和政治的观察》一书，书中按年份算出了每年的死亡率。之后，又利用该表进行了分析，发现儿童死亡率较高，城市地区的死亡率高于农村地区等现象。

他还表明，虽然样本的数据只有 38.4 万人，但是通过样本可以估算出当时伦敦 200 万人口的总体情况。

通过观察数据而不是简单地将它们进行整合，我们可以从看似混乱和复杂的事物中总结出某些规则，从这一点上来看，格兰特的"分析"具有划时代性。

英国的埃德蒙·哈雷（1656-1742）也使用了格兰特的方法，同时他也因发现哈雷彗星而闻名。

哈雷是一位拥有许多科学成就的学者，是他让牛顿写出了世界名著《自然哲学的数学原理》，并自费为其出版。除此之外，他还是首位基于某个城市人口的出生和死亡的数据，制作出"生命表"的人。

哈雷在其 1693 年出版的著作中写道："人类的死亡遵循一定的法则，应该按照不同年龄层的死亡率来计算人寿保险的保费。"当时英国已经存在几家人寿保险公司，但保费的制定规则却十分随意。哈雷的研究成果终于使人寿保险公司计算出了合理的保费。

格兰特的《关于死亡表的自然和政治的观察》以及哈雷的生命表都是将调查收集的数据整理成为数值、表格或者图表，我们把这种掌握整体数据所具有的趋势和属性的方法称作描述统计。但是，格兰特和哈雷所用的方法是非常简单的，和现代的描述统计没有直接的联系。要想基于现实的数据来阐明实际的社会现象或是其机制，数学的运用尚不足够。

后来，当法国的皮埃尔·西蒙·拉普拉斯（1749–1827）和德国高斯的概率论和正态分布等理论准备充足时，出现了尝试将这些内容应用于社会的人。他就是比利时人阿道夫·凯特勒（1796–1874）。

凯特勒是第一个将"平均"的概念应用在人类社会的人，该概念以前仅应用于自然科学领域。凯特勒认为人类也是这个（本应该）美丽和谐的宇宙中的一部分，即使每个人都不受约束地自由行动，将数据收集后也是可以从人看出整个社会所具有的某种科学的秩序。因为他是第一个将现代统计方法应用于社会的人，所以凯特勒也被称为"现代统计学之父"。

如果统计的历史仅仅停留在描述统计的话，统计学就无法成为如此重要的学科了。统计在现代生活和研究中获得不可或缺的地位是因为进入20世纪以后推断统计开始发展。描述统计是一种掌握现有数据趋势和属性的方法，而推断统计是通过收集的样本（也称为标本）从概率上推测整个集合（全体）属性的方法。这就像是通过品尝一勺搅拌均匀后的味噌汤的味道从而推测整锅味噌汤的味道一样。

想要预测选举结果而对所有选民进行调查，或者想要控制工业产品的质量而对每种产品都进行测试，这样的做法是不切实际的。

在这种情况下，比起 "不调查全部个体的话就无法得出结果"而就此放弃，调查一部分个体然后说"某某的概率是XX%"才更有实用价值。

奶茶实验

最先开始进行推断统计的是英国的统计学家罗纳德·艾尔默·费舍尔（1890–1962）。为了让大家体会什么是推断统计，我想介绍一个非常有名的"实验",这个"实验"是费舍尔在一次茶话会上进行的。

20世纪20年代末,费舍尔与他的一些朋友在花园里举行茶话会。这时,一位爱好红茶的女士说:"倒入牛奶和红茶的顺序会改变奶茶的味道。"一半的绅士听到这句话之后都冷笑道:"怎么可能,不管先倒入什么,味道难道不都一样吗?"显然他们并不认同这位女士的观点。于是费舍尔提议道:"我们来做一个实验吧。"

他在这位女士看不到的地方准备了4杯先倒入牛奶的奶茶和4杯先倒入红茶的奶茶。然后将这8杯奶茶随机递给这位女士,让她猜测每一杯先倒入的是牛奶还是红茶。但会提前告诉这位女士,有两种奶茶,每种各4杯,他将随机把这些奶茶交给她。

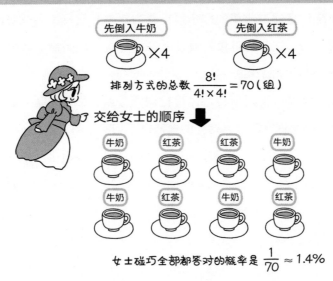

结果这位女士竟然答对了8杯奶茶放入牛奶和红茶的顺序。周围的绅士们都逞强道"这只是碰巧",但是这位女士碰巧全部答对的概率只有1.4%,这证明"女士并不是碰巧答对,而是能够区分味道的差别"。

推断统计有两个重要方法：一个是推测，通过调查样本（标本）从而概率性地推测出总体的特征；另一个是检验，验证从标本中得到的数据差异是误差还是具有不同的含义。收视率和选举时的开票特报等属于推测；"每日喝两杯咖啡有助于抑制癌症的发生"等验证假设的可能性属于检验。上文中费舍尔进行的实验属于检验，是推断统计中最有名的实验。

最先进的统计学

进入 21 世纪以后，贝叶斯统计成为统计学领域的大趋势。英国人托马斯·贝叶斯（1702–1761）创造的"贝叶斯定理"是贝叶斯统计的基础。贝叶斯统计虽然是 21 世纪最先进的统计，贝叶斯本人却是 18 世纪初期的一个数学家兼牧师。他生活的年代比凯特勒还早一个世纪。他的理论直至 21 世纪再一次成为焦点。为什么可以应用于现代社会的理论却被埋藏了 200 多年？据说这是因为贝叶斯统计具有以下两个特性。

①允许存在任意性（没有理论上的必然性）。
②计算可能会相当复杂。

"贝叶斯定理"以及基于贝叶斯统计发展而来的特性①，长期以来都受到了重视严谨性的数学家的批判，但是近年的研究表明，具有任意性就说明其具有"能够应用在不严谨的场合"的优点。现实社会的所有条件并不都是严格制定的。

贝叶斯统计方法，允许人们基于经验或常识等直观感受设定参数变量，由此，更能广泛地适用于传统统计学不能发挥作用的案例。

此外，特性②在几乎所有人都会使用计算机的年代也不算问题。

起源于古代国家的统计，随着概率论、微积分、线性代数等数学研究，以及计算机的发展，经历了全面调查→描述统计→推断统计→贝叶斯统计几个阶段。可以说 2000 年前撒下的种子，随着数学以及科学技术的发展，在现代开出了璀璨的花朵。

　　在现代社会中，通过统计这一过滤器，数字成为判断和预测的基础。数字表现社会，数字也将改变社会。

　　"数学有什么用呢？"统计也许能够成为一种回答。

第 5 章

了不起的
影响力

用 *N* 进制解决大数字

乍一看有多少根棒子？

可能有些突然，但是你能够马上看出下图①中有多少根棒子吗？据说一个人能够马上数清楚的数量不是 3 个就是 4 个，超过这个数量的话就必须要掰着手指才能数清（正确答案是 13 根）。

"1、2、3"对应的罗马数字是"I、II、III"，但是"4"对应的罗马数字不是"IIII"而是"IV"。这应该是有人不能一眼就看出"IIII"中有 4 根"I"吧（但是，据说从前"4"写作"IIII"）。

实际上图①和图②中棒子的数量是一样的。如果用图②的方式来表示的话，即使不用手指点也能很简单地数清了。计数时每 5 个都使用图②的印记，我们把它称为"five-bar gate"，这种方法很早之前就被广泛使用。

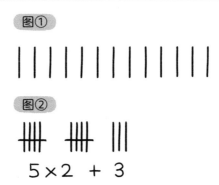

图①

图②

$5 \times 2 + 3$

在日本，经常通过写"正"字来代表 5 个。

不过，一旦数量增加的话，这种计数方法也不方便使用。比如用"正"字来表示"96"的话就非常麻烦。此时就诞生了新的方法，即通过书写的位置来确定同样的集合有多少个。

我们把这种方法称为进位计数制。进位计数制中数字的位置就是"位"或是"数位"。比如说下图中 5 个" ﹟ "，就用 1 个" ﹟ "表示，基于这个规则，"341"就表示为 3 个" ﹟ "，4 个" ﹟ "，末位是 1。

341？

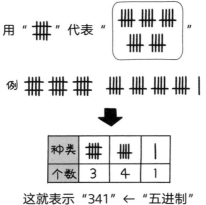

用" ﹟ "代表"..."

例

种类	﹟	﹟	I
个数	3	4	1

这就表示"341" ← "五进制"

十进制被广泛使用的原因

"N进制"就是在进位计数制中数量达到N时成为"一个集合",需要(向前)进一位数字的表示方法。上图中例子则是每逢"5"成为"一个集合"向前进一位,称为"五进制"。

我们日常中使用的是十进制。

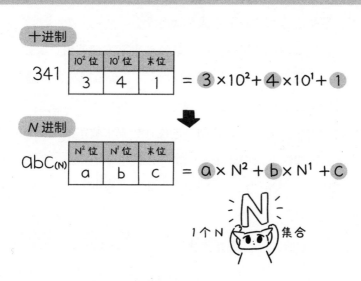

N进制

没有其他要求的话,"324"就代表"$3 \times 100 + 2 \times 10 + 4$"(大写数字"三百二十四"更加一目了然)。此时"百位"就是10个"10"的"一个集合",所以就是"10×10位"。

同样N进制的进位计数制定义请看上图。图中右下角的(N)表示N进制。

十进制是计数制中最常用的,原因是人的两只手有10根手指。

如果我们像米老鼠一样两只手只有8根手指的话,可能就要使用八进制了。如此的话八进制的"10"颗糖就是"$1 \times 8 + 0$"，即 8 颗糖了。

考虑到人的单手有 5 根手指，并且人类在瞬间能够掌握的数量的极限是"4"，存在使用"五进制"的社会也便不是天方夜谭。实际上，菲律宾的伊荣族（Irongot）、南美洲以及印度尼西亚的一部分地区至今仍在使用"五进制"。

古代的苏美尔人使用的是六十进制，巴比伦人继承了他们的进制并编制出了 60 秒为 1 分钟，60 分钟为 1 小时的时间计算的方法。把"60"选为"一个集合"的原因，有一种说法是因为它有很多因数，可以方便计算。也是因为这个原因，阿拉伯的数学家们在某一时期通过六十进制来进行天文学相关的计算。

二进制与哲学家培根

除了十进制，在我们生活中了不起的地方也有其他进位计数制的痕迹。

一打是 12 个，一年有 12 个月就是十二进制的典型例子。在法语中 80 是"quatre-vingts"，即 4（quatre）×20（vingt），属于二十进制。

不过，这些仅仅是"残骸"，不能说是主流。在现代，也只有在计算机的世界里，十进制以外的计数制能够打败十进制。计算机的世界里的主流是二进制与十六进制。

优盘的储存容量通常是 16GB、32GB、64GB、128GB、256GB 的序列，不存在 20GB、100GB 这样（十进制）的数字。高尔夫球通常都是按箱售卖（以十二进制的"打"为标准），12 个、24 个、36 个……同样，在计算机世界里十六进制的"整数 ×16GB"就等同于完整的数字。

为什么计算机的世界里要使用十六进制呢？这是因为它和接下来我要

介绍的二进制非常契合。

英国哲学家弗朗西斯·培根（1561–1626）使二进制得以萌芽，他提出了"知识就是力量"，并且认为从经验和观察中得到的知识才是发现真理的必经之路。之后，他在思考被称为"培根密码"的新密码时产生了一个想法。

他注意到，类似"大写和小写""√和×"这样拥有"两种状态的符号"，准备5个的话，$2^5=32$，就足够用来表示26个字母。并且拥有"两种状态的符号"不一定是文字。光的"明和暗"以及声音的"有和无"都可以用来表示。

培根这一先进的想法在大约230年以后得到了继承与实现，依靠的就是摩斯密码（依靠短的"嘀"和长的"嗒"进行通讯）。

培根去世后，戈特弗里德·莱布尼茨（1646–1716）发明了现代意义上的二进制计数制。他使用"0"和"1"来充当"两种状态的符号"，于1679年发表的论文"二进制算法的介绍"中总结了二进制的计算法。

下一页的表格是莱布尼茨论文中关于二进制以及十进制的对照表格。

观察表格中二进制的内容，马上判断出其数值需要长时间的练习。

二进制与十进制的对照表

二进制						十进制
					1	1
				1	0	2
				1	1	3
			1	0	0	4
			1	0	1	5
			1	1	0	6
			1	1	1	7
		1	0	0	0	8
		1	0	0	1	9
		1	0	1	0	10
		1	0	1	1	11
		1	1	0	0	12
		1	1	0	1	13
		1	1	1	0	14
		1	1	1	1	15
	1	0	0	0	0	16
	1	0	0	0	1	17
	1	0	0	1	0	18
	1	0	0	1	1	19
	1	0	1	0	0	20
	1	0	1	0	1	21
	1	0	1	1	0	22
	1	0	1	1	1	23
	1	1	0	0	0	24
	1	1	0	0	1	25
	1	1	0	1	0	26
	1	1	0	1	1	27
	1	1	1	0	0	28
	1	1	1	0	1	29
	1	1	1	1	0	30
	1	1	1	1	1	31
1	0	0	0	0	0	32

我首先推荐的熟悉二进制的方法就是在白纸上试着练习写对照表。

这样一来，就会明白各位上只能使用 0 和 1，找到向前进一位的感觉。

除此之外，使用二进制手指计数法时，单手最多可以数到"31"，双手最多可以数到"1023"。"二进制手指计数法"在日常生活中非常的便利（开始的时候可能手指会有些痛……）。

二进制手指计数法

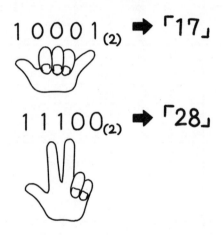

大数字是人类智慧的象征

在使用二进制的计算机世界，以及电灯的"开和关"，电流流动方向的"左和右"等场景都可以使用"0 和 1"进行匹配，这样做的最大好处是减小了读取误差。如果想用十进制来判断信号的话，就需要"0~9"10 种信号，但是如果用它来判断流动电流的量的话，就需要相应的精确度。

如果采用的是二进制，由于信号只有"0"和"1"，所以只要判断是"无"还是"有"即可，而且，这样只需要判断电流是否流动。

但是二进制也有缺点。"32"用6位数"100 000"来表示，由此可以看出数字越大，位数就会急剧增加。因此，计算机还会使用十六进制，在二进制和十六进制之间随时进行转换。

二进制、十六进制、十进制对照表

二进制	0	1	10	11	100	101	110	111	1000	1001	1010	1011	1100	1101	1110	1111
十六进制	0	1	2	3	4	5	6	7	8	9	A	B	C	D	E	F
十进制	0	1	2	3	4	5	6	7	8	9	10	11	12	13	14	15

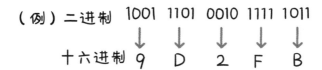

（例）二进制　1001　1101　0010　1111　1011

十六进制　9　D　2　F　B

转换非常简单

为了减少位数选用十六进制是因为十六进制和二进制的适配性非常好。下面我将进行详细的解释。

在十六进制中，需要16种符号，因此除了"0–9"以外，还会使用英文字母"A–F"。上图是二进制、十六进制、十进制的对照表。

需要注意的是，二进制中4位数的最大数值"1111"对应于十六进制中1位数的最大数值"F"。这意味着，如果将二进制按4位数进行区分的话，则必须将十六进制的1位数与二进制的4位数相对应。这样转换才能变得更简单。

为了数到一定程度以上大的数，需要能够使用"five-bar gate"这样的符号，以及能够编制出十进制、二进制、十六进制等进位计数制法的"智慧"。能够数到大的数，是智慧的体现。实际上，伴随着人类文明的发展，人类能数的数值已经越来越大了。

当然，为了数清事物的数量，仅仅知道如何标记是远远不够的。在计数的时候，既要思考是否需要顺序，是否允许出现重复，也需要具备"排列"和"组合"的素养。在公务员考试和就业考试中，之所以频繁出现"情况数"问题，是因为只要应聘者进行计数，就能推测出他的智力程度。

科学的依据——纳皮尔常数

选择哪一个储蓄套餐收益更高?

假设,一家强劲的新外资银行为了纪念进驻日本举办以获得新客户为目的的优惠活动。所有活动参与者中会有一人享有优惠活动最高奖品——特别储蓄的权利。这个特别储蓄的年利率(一年总利率)达到100%!但这种年利率只有一年期限。而且,该储蓄活动有以下两个套餐,可以在最开始选择喜欢的套餐。如果你获得了这个特别储蓄的机会,你会选择哪种储蓄套餐呢?

套餐 A: 一年后获得的利息是当时余额的100%。

套餐 B: 每半年获得的利息是当时余额的50%。

简单计算便可知,套餐 B 收益更高。一起计算吧。将最初的存款金额设定为 100 万日元。

套餐 A：

因为一年之初的余额（和最初存款一样）是 100 万日元，所以可得利息是：

100 万日元 ×100%=100 万日元

加上本金后，一年后账户余额为：

100 万日元 +100 万日元 =200 万日元

套餐 B：

因为最初的存款余额是 100 万日元，所以半年后可得利息：

100 万日元 ×50%=50 万日元

所以半年后，账户总余额将达到 150 万日元，再过半年后可得利息为：

150 万日元 ×50%=75 万日元

加上本金，一年后账户余额为：

100 万日元 +50 万日元 +75 万日元 =225 万日元

因此可知，在总年利率一定的前提下，利息复利，收益更大。

纳皮尔常数

复利的次数越多，可得的金额就会越多。在 17 世纪末有位数学家对该现象进行了研究，这位数学家便是瑞士的雅各布·伯努利（1654-1705）。伯努利家族是伟大的"数学家族"，单是在 17 世纪至 18 世纪期间，家族中就出现了 8 位著名数学家。即便在这样的家族中，雅各布·伯努利也取得了卓越成就，表现突出。

将上面提及的"利息复利问题"概括而言，即将 100% 的利率分成 n 等份，可得的总金额是多少？最终的本利合计，如下文所示，是在本金基础上，乘以 $(1+\frac{1}{n})^n$ 的结果。

伯努利的计算

若本金为 a 日元，利率为 r，则本利总计为
$$a + a \times r = a(1 + r)(日元)$$

将年利率 100% 进行 n 等分后的利息为
$$\frac{100\%}{n} = \frac{1}{n}$$

本金为 100 万日元，将年利率 100% 进行 n 等分之后，
n 次获得的利息，再加上本金合计为
$$100\left(1+\frac{1}{n}\right)\left(1+\frac{1}{n}\right)\cdots\left(1+\frac{1}{n}\right) = 100\left(1+\frac{1}{n}\right)^n$$

n 次复利

雅各布·伯努利对 $(1+\frac{1}{n})^n$ 的 n，逐渐增加取值并进行了计算。结果显示，n 越大，一年后所得的本利合计就越多，但增加速度变缓，可能存在上限。

继续计算后，结果显示，不管利息复利的次数有多少，本息合计都不会超过本金的 2.7182818……倍。这个上限数值，被称为"纳皮尔常数"，和圆周率共同构成了数学中两大自然常数。虽有些赘余，但对于想要记住该数值（这样一类奇特的）的各位，推荐一个谐音的顺口溜"尔妻要发（信息）尔不要发（信息）"。

虽然是雅各布·伯努利首先发现纳皮尔常数的数学实质，但是这个常数一般不被称为"伯努利数"。

究其原因，在伯努利之前，英格兰的约翰·纳皮尔（1550–1617）写了一本总结数字研究的著作，在该书的附录表中写出了该常数的近似值——不久，它作为与圆周率同等重要的常数首次出现在人们的视野中，但在当时受重视程度很低。纳皮尔本人似乎没有意识到这个常数的数学实质，但有一点是确定的，他是第一位提及这个常数的学者，因此以他的名字命名该常数。

纳皮尔常数

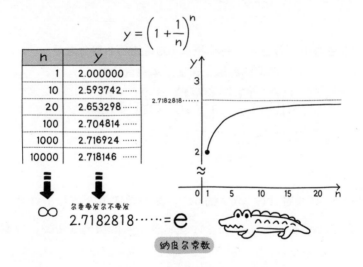

简单而言，"对数"指的是相同数字相乘的次数。例如，"将 2 自乘 3 次（2 的三次方）就是 8"，使用对数这一数学术语表示 8 的话，就是"以 2 为底 8 的对数是 3"。

此处如果"$y=\log_2 x$"，将 x 设为 8，y 就是 3，将 x 设为 32，y 就是 5。（参照下图例子）y 的值完全取决于 x 的值。换言之，y 是 x 的函数。

一般来说，"$y=\log_a x$"中，y 是 x 的函数。这个表达式就是对数函数。

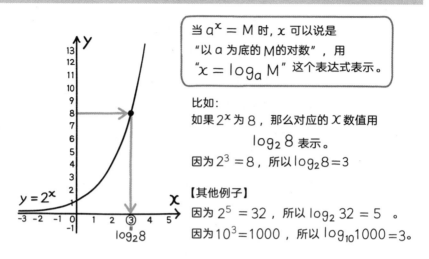

对数的定义

当 $a^x = M$ 时，x 可以说是 "以 a 为底的 M 的对数"，用 "$x = \log_a M$" 这个表达式表示。

比如：

如果 2^x 为 8，那么对应的 x 数值用

$$\log_2 8 \text{ 表示。}$$

因为 $2^3 = 8$，所以 $\log_2 8 = 3$

【其他例子】

因为 $2^5 = 32$，所以 $\log_2 32 = 5$ 。
因为 $10^3 = 1000$，所以 $\log_{10} 1000 = 3$。

数学史上发表论文数量最多的数学家

还有一位数学界的伟人采用和伯努利完全不同的研究方法，也发现了这个常数数值，他是瑞士的莱昂哈德·欧拉。欧拉在想要将对数函数进行微分的时候，也接触到了这个常数。微分指的是求一个函数数集切线的斜率的计算。

"微分"是指将图像细微地划分。提到具体细分的对象，就是函数的图像。将其无穷细分后，原本虽然是条曲线，但细分之后每条线看起来似乎是"直线"。求图像中各个点的切线斜率就是微分的计算。

欧拉在研究对数函数图像的切线斜率时，发现了纳皮尔常数。表示纳皮尔常数的符号"e"是欧拉提出的。

一种说法认为，欧拉用的是他姓氏（Euler）的首字母。也有说法认为因为纳皮尔常数是同一数字 $(1+\frac{1}{n})$ 多次相乘之后的数值，所以他使用的是表示"指数"（exponential）一词的首字母，这种解释比较合乎逻辑。

人们认为，欧拉是"数学史上发表论文数量最多的数学家"，他每年发表的论文数量达到了普通数学家一生的论文数量（800 页左右）。因为他的成果数量庞大，因此从 1911 年开始发行的《欧拉全集》至今尚未完结。

实际上，纳皮尔常数和圆周率（π）一样，都是无理数。小数点之后的数字有无限多个，且没有规律可循。

圆周率和纳皮尔常数都不是简单的无理数，它们属于超越数的一种。

稍微专业地说，超越数指的是"不能作为有理代数方程的根的无理数"。"代数方程"如下图中所示，即使用与 x 无关的常数、x 的整数指数幂来写出的方程式。例如 $\sqrt{2}$ 是无理数，但可以成为 $x^2-2=0$ 这个代数方程式的根。因此 $\sqrt{2}$ 虽是无理数，但不是超越数。

代数方程式

$$a_n x^n + a_{n-1} x^{n-1} \cdots\cdots + a_0 = 0$$

$$\left(\begin{array}{l} a_n, a_{n-1} \cdots\cdots, a_0 \text{ 是} \\ \text{与 } x \text{ 无关的常数，而且 } a_n \neq 0 \end{array} \right)$$

莱昂哈德·欧拉

超越数是独一无二的

如果一个数字是超越数，便不能只用仅限于整数的四则运算（加、减、乘、除法）进行表示。这种感觉类似于无法选择形容词形容铃木一郎选手一般，正如铃木一郎是日本空前绝后的棒球选手，超越数也是独一无二的数字。

和圆周率相同，纳皮尔常数也出现在表示自然科学法则的各类公式中。例如，正态分布、在风阻中物体下落的速度、放射性物质的原子数等，数不胜数。实际上，在本书中 e 的存在也遍布多处。

那么，为什么 e 会遍布各处呢？其原因之一在于它有着特殊性质，即使将 e^x 这个指数函数微分了，它的形态完全不会变化（一个点切线的斜率等同于该点 y 坐标）。

微分之后，形态不变，意味着即便进行作为微分逆运算的积分运算，形态也不会变化。

一旦数学公式中出现 e^x，就像金太郎糖（日本糖果品牌之一，特点是无论怎么切，露出的断面都是一样的——编者注），无论如何微分积分，都会出现同一个 e^x 的结果。

e^x 的特殊性质

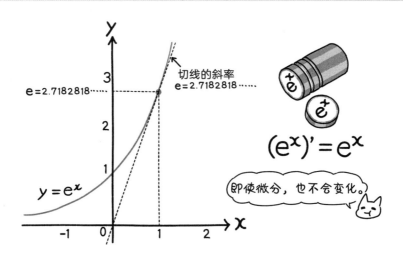

底数（参考下图）为 e 的对数函数微分后，就是　这个非常简单的函数（一个点切线的斜率，一般是该点对应的 x 坐标的倒数）。如果上帝要给对

数的底数赋予一个值，肯定会因为 e 有"简洁之美"而选择 e（其微妙之处在于它并非人为，而是自然最初便存在的对数），以常数 e 为底数的对数函数叫作自然对数。

$$y = \log_a x$$

↑
这是底数

一般情况
$$\log_a x \xrightarrow{微分} \frac{1}{x \log_e a}$$

如果是自然对数
$$\log_e x \xrightarrow{微分} \frac{1}{x}$$

遇到理想伴侣的概率

因为对数函数的底数大多是可自由设定的，所以在崇尚简洁的数学中，在有必要使用对数函数时，绝大多数时候会选择自然对数。这也是常数 e 频繁出现的原因。

在表现自然法则的数式中频繁出现，意味着（e=2.71828……）这个数值对自然现象有诸多影响。

稍微跳个话题，"遇到理想伴侣的概率"也和常数 e 有关系。

例如，一个人在适婚年龄和几个人交往（或是相亲）。此时，确定一个"理想的伴侣"是十分困难的事情。即便一见钟情，闪婚也有风险。因为之后也许会遇到更优秀的人。但话又说回来，如果一直犹豫不决，想着

"可能之后会遇到更优秀的人"，也许就此错过了适婚对象。你可以选择这种策略，即"不甄选地接触很多人，当出现了'目前最好的人'的时候，就将此人判断为理想的伴侣"。

问题是怎么确定"何时是下决心的时机"，请你放心，实际上，因为这个问题和雇佣秘书的人（雇主）应该考虑的问题——秘书问题——十分相似，数学上已经有定论了。以交往人数达到一定程度（30 人以上）为前提下，在达到预定交往人数的 36.8% 时可以完成基本取样，此时遇到理想伴侣的概率是最大的。

这俗称"36.8% 法则"。36.8%=0.368，这个数字是 1 除以 e 的数值（$1 \div 2.71828 \cdots \approx 0.368$）。

"36.8% 法则"不仅可用于交往人数，还可用于交往阶段。

假如，从 15–45 岁这 30 年之间是寻找伴侣的"交往阶段"，在 30 年的 36.8%，15 岁到 26 岁之间，最好无条件地暂缓结婚。

纳皮尔常数和圆周率的共同点很多，二者同被称为"数学中的两大常数"。一个是公元前 2000 年左右被发现的，另一个是 17 世纪被发现的。二者在被人类发现的时间上相隔近 4000 年。

它不仅是没有确定数值的无理数，也是独一无二的超越数，且不仅在数学中，也活跃在自然科学的各个领域。是不是还有其他的这类"常数"正在默默等待人类发现它们呢？这样一想，倍感浪漫。

人类对圆周率的探索

东京大学入学考试题

你想过为什么圆周率是 3.14 吗？以前东京大学的入学考试（2003 年）中出现过"请证明圆周率大于 3.05"一题。这是东京大学数学入学考试中最著名的一道题，你可能有所耳闻。

圆周率到底是什么呢？如果将小学时学的公式"直径 × 圆周率＝圆周长"稍微变形，我们就知道圆周率指的（正如字面意思）是圆的周长与直径的比值。

圆周长是直径长度的三倍多。常理而言，因为所有的圆是相似的（即便面积不同，形状也相同），所以这个比值适用于所有圆。没有一个圆的圆周长与直径的比值小于 3，也没有一个圆的圆周长与直径的比值大于 4。换言之，一个圆的圆周长与直径的比值就是圆周率。

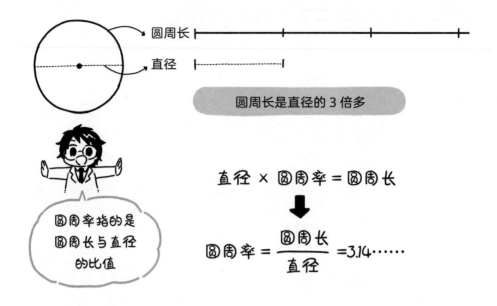

圆周率是什么?

圆周长是直径的 3 倍多

圆周率指的是
圆周长与直径
的比值

直径 × 圆周率 = 圆周长

$$圆周率 = \frac{圆周长}{直径} = 3.14\cdots\cdots$$

阿基米德的思考

但是,求"圆周长"并非易事。

原始的方法是实际测量。

例如,将轮胎涂上油漆转圈(让它不要滑动),测量轮胎转一圈后油漆痕迹的长度。或者在地面打桩,绑在绳子一端,在绳子另一端绑上一根尖头棍子,制成类似圆规的形状,画个圆,之后(因为用绳子画圆的,所以将绳子解开后,绳长约等同于半径长度)测量圆周长是直径的几倍。

实际上,公元前 2000 年左右,在巴比伦尼亚(现在的伊拉克南部)地区,使用第二种方法求出的圆周长与直径的比值约是 3.125。

求圆周长

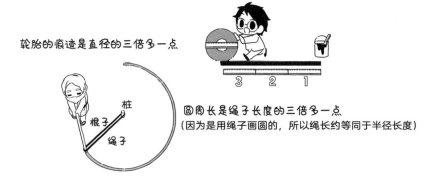

轮胎的痕迹是直径的三倍多一点

圆周长是绳子长度的三倍多一点
（因为是用绳子画圆的，所以绳长约等同于半径长度）

桩
根子
绳子

　　但是，测量是有误差的。只依靠测量，无法得出准确的答案。因此，古希腊的阿基米德（公元前287－公元前212）通过对正多边形的计算估计了圆周长。

　　请看下图。图上画有一个圆内接正六边形(各个顶点位于圆周上)，该圆半径为1（直径为2），以及一个圆外接（各边与圆周相切）正方形。如图所示，可知正六边形的周长＜圆周长＜正方形的周长。据此可以证明圆周率大于3而小于4。但是正方形和正六边形的周长和圆周长的差距很大，"这种估计结果不够精确"。

阿基米德的计算

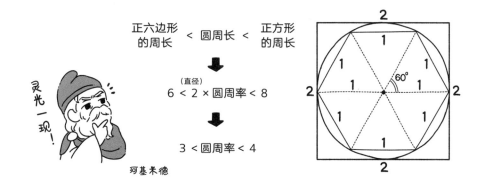

正六边形 ＜ 圆周长 ＜ 正方形
的周长　　　　　　　的周长

（直径）
6 ＜ 2 × 圆周率 ＜ 8

3 ＜ 圆周率 ＜ 4

灵光一现！

阿基米德

如图所示
请思考圆内接正十二边形，
求出图中 x 值。

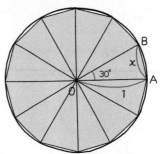

右下图中，从 B 点作一垂线相交于 OA。
有一角度为 30° 的直角三角形，
各边比为 1：2：$\sqrt{3}$。
设 OB=1，那么 BH=$\frac{1}{2}$、OH=$\frac{\sqrt{3}}{2}$
而且，圆以 OA 为半径，OA=1，所以

$$HA = OA - OH = 1 - \frac{\sqrt{3}}{2}$$

△BHA 根据勾股定理

$$x^2 = \left(1 - \frac{\sqrt{3}}{2}\right)^2 + \left(\frac{1}{2}\right)^2 = 1 - \sqrt{3} + \frac{3}{4} + \frac{1}{4} = 2 - \sqrt{3}$$

因此

$$x = \sqrt{2-\sqrt{3}} = \sqrt{\frac{4-2\sqrt{3}}{2}} = \sqrt{\frac{3-2\sqrt{3}+1}{2}} = \sqrt{\frac{(\sqrt{3}-1)^2}{2}} = \frac{\sqrt{3}-1}{\sqrt{2}} = \frac{\sqrt{6}-\sqrt{2}}{2} = \frac{\sqrt{2}(\sqrt{3}-1)}{2}$$

根据 $\sqrt{2} > 1.41$，$\sqrt{3} > 1.73$，可以计算出 x 的近似值。

$$x = \frac{\sqrt{2}(\sqrt{3}-1)}{2} > \frac{1.41 \times (1.73-1)}{2} = \frac{1.41 \times 0.73}{2} = 0.51465 > 0.51$$

半径为 1 的圆内接正十二边形的周长为

$$L = 12x > 12 \times 0.51 = 6.12 > 6.10 \quad \cdots \cdots ①$$

从图中可知，L 的数值比半径为 1 的圆的圆周长（2π）要小很多，因此

$$6.10 < L < 2\pi \Rightarrow 6.10 < 2\pi \Rightarrow 3.05 < \pi \text{（证明结束）}$$

　　为了提高圆周率估算的精确度，最好是增加正多边形顶点的个数。如此一来，圆和正多边形之间的"空隙"会变小，正多边形的周长就更接近圆周长。

　　阿基米德通过圆内接正九十六边形以及圆外接正九十六边形来计算，得出圆周率大于 3.1408 小于 3.1429 的结论，成功地求出了圆周率的小数点后两位数的准确数值。

松本人志和圆周率

此外，东方国家也借助了正多边形计算出了圆周率的数值。5 世纪，中国南北朝的祖冲之（429–500）使用正 24 576 边形成功地算出了圆周率小数点后 6 位的准确数字。17 世纪，日本的关孝和（1642–1708）使用正 131 072 边形，成功地计算出了圆周率小数点后 10 位的准确数字。

祖冲之和关孝和已颇为执着，但更有甚者，在海的另一边的大陆上，在关孝和之前，鲁道夫·范·科伊伦（1540–1610）使用了正 2^{62} 边形（2^{62} 约为 461 万 1686 京），算出了圆周率小数点后 35 位的数值。因为"2^{62}"是 19 位数的超长位数的数字，在当时没有计算机的时代下，鲁道夫·范·科伊伦做到这个结果可谓倾注了毕生的心血，这种精神着实令人叹服。在德国，人们颂扬他的功绩，并把 π 的 35 位近似值称为鲁道夫数。

发散一下话题，在日本某个有名的搞笑电视节目中，有一个经典的环节是 Downtown 二人需要有趣地回答观众的提问。在该环节中，有观众问"圆周率最后一位数字是什么"。

因为个位数字只有 0–9，所以不管回答哪个数字，都在预料之内。然而作为搞笑的题目，是很难回答的。但是松本人志和搭档滨田雅功表演了即兴脱口秀，在炒热了现场氛围后，说："那就回答吧！圆周率最后一位数字是？"

我看了节目大笑之后，觉得他的回答实在完美。因为松本先生的答案完美地符合数学逻辑。

无理数是无限的

圆周率就是所谓的无理数。无理数不能用（分子分母都是整数）分数表示。这意味着无理数小数点后的数字有无限多个，并且没有规律。

反过来，（分子分母都是整数）可以用分数表示的数字（有理数）如下图所示，小数点之后的数字是有限的，或者无限循环的。

圆周率是无理数，小数点后的数字是无限的。因为圆周率不存在"最后一位数字"，无限不循环，所以观众的这个问题是没有答案的，答案不就是"？"吗？

圆周率是无理数这一判断，在公元前 4 世纪，亚里士多德已经预测到了。然而，这一判断实际在 18 世纪后半叶，由德国的约翰·海因里希·朗伯（1728–1777）以及法国的阿德里安 - 马里·勒让德（1752–1833）完成证明的。

阿基米德使用正多边形对于圆周率的"估算"不过是以有限的有理数来"近似"计算无理数的，结果自然是局限的。

有理数与无理数

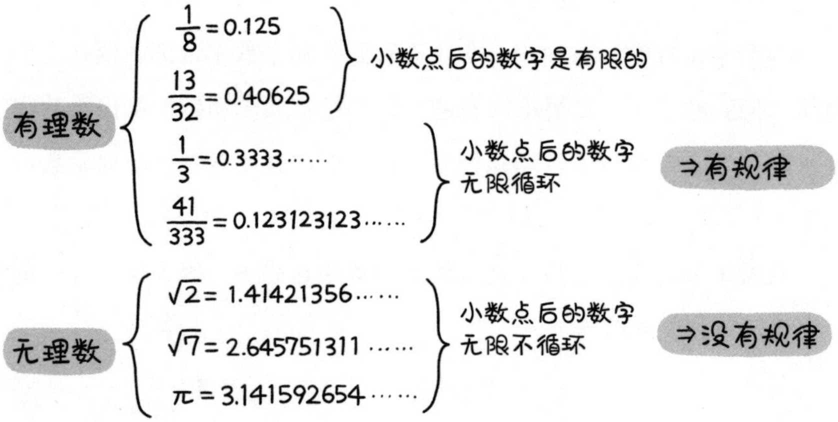

有理数
$$\frac{1}{8} = 0.125$$
$$\frac{13}{32} = 0.40625$$
小数点后的数字是有限的

$$\frac{1}{3} = 0.3333\cdots\cdots$$
$$\frac{41}{333} = 0.123123123\cdots\cdots$$
小数点后的数字无限循环　⇒有规律

无理数
$$\sqrt{2} = 1.41421356\cdots\cdots$$
$$\sqrt{7} = 2.645751311\cdots\cdots$$
$$\pi = 3.141592654\cdots\cdots$$
小数点后的数字无限不循环　⇒没有规律

在此，代数学之父弗朗索瓦·韦达（1540–1603）提出了下图所示的无穷运算式来表达 π。

韦达的运算式（1593年）

$$\frac{2}{\pi} = \frac{\sqrt{2}}{2} \times \frac{\sqrt{2+\sqrt{2}}}{2} \times \frac{\sqrt{2+\sqrt{2+\sqrt{2}}}}{2} \times \frac{\sqrt{2+\sqrt{2+\sqrt{2+\sqrt{2}}}}}{2} \times \cdots\cdots$$

将 $\sqrt{2}$ 中的 "2" 替换为 "2+$\sqrt{2}$" 之后，
无穷相乘下去……

∘∘无穷∘∘

韦达之后，对于圆周率的计算开始转向这类无穷运算式上。前面第053页介绍的拉马努金提出的运算式就是其中的一种。

小数点之后 31.4 兆位数！

小数点之后的数字不规律（随机）且无限持续下去——如果小数点后的数字是有限排列的数字——那任何数字的排列组合都可能出现在圆周率之中。圆周率中一定存在和你生日一样的四位数，甚至这个世界上，任何人的出生年月的8位数数字都存在于圆周率之中。

类似于让电脑识别文字信息，如果将语言转换为数字，将莎士比亚所著的《哈姆雷特》全文都换成数字，也可以在圆周率中找到和这本书数字完全相同的数字，这就是"无限"持续。

但是，为了使以上的说法成立，就需要让圆周率数字排列完全随机（这种排列方式的数字称为随机数）。在统计了目前圆周率中0-9数字出现的次数后，发现每个数字出现的次数几乎相同，所以可以大致判断圆周率的数字排列是随机的，但这一判断尚未得到数学证明。

2019 年的 3 月 14 日（圆周率日），美国谷歌公司的日本员工爱玛·哈鲁卡·伊沃成功将圆周率算到了小数点之后的 31.4 兆位。这一伟大的纪录刷新了圆周率小数点后的 22.4 兆位（2016 年）这一纪录，比它多了约 9 万亿。岩尾女士在 12 岁时就对圆周率计算有很大的兴趣，之前跟随世界纪录保持者日本筑波大学的高桥大介教授学习计算科学。

什么时间能够得到圆周率完整的准确数值我们是绝对无法知晓的。

尽管如此，圆周率还包含着与圆无关的其他领域，存在于所有的数学和自然科学的数式中，是一个神秘而难以想象的"常数"。

美国印第安纳州认为"分明是重要的数学数值，但却不精确，这很不方便"，因此用法律规定了圆周率的数值。名叫爱德华·古德温的医生兼业余数学家在议会上提出写有"直径为 10 的圆的圆周长是 32"的论文。之后"将古德温这一论文认定为新的数学原理，向青少年无条件传授"的法案被确立。

如果这个论文得以认可，圆周率数值就会被定为 3.2。而且这个不靠谱的圆周率法案竟在众议院获全票通过。当时刚好有一位数学家拜访印第安纳州州长，这位数学家知道了法案的存在，他连夜对该州参议员们进行了紧急的科普说明，"圆周率的准确值是无法确定的"。正因为他，这项法案成为无限延期的议案。

可能有读者认为"为什么要纠结于圆周率的准确值呢？虽然 3.2 这个数值可能误差很大，但即便将圆周率定为 3.14，也不影响实际应用"。

应用于"雀鹰"回归地球中的圆周率数值

事实上，我们身边也有将圆周率定为 3.14 而失败的国家级科研项目。

日本的行星探测器名为"雀鹰号"，在它按计划返回地球的途中，和地球的通信中断了，但之后在相关工作人员的不懈努力下，实现了"雀鹰"完美地回归地球的奇迹。这个奇迹故事在纽约等地被大肆报道，并拍成了电影。"雀鹰"的轨道计算中使用的圆周率的数值是"3.141592653589793"（16 位数）。如果将圆周率定为 3.14 进行计算的话，轨道最大偏离约有 15 万千米。即便恢复了通信，"雀鹰"也无法回归到地球。

在古希腊之后，东西方的众多数学家对圆周率发起挑战，现在，计算机科学家也在不断挑战圆周率的运算。然而，这些挑战都不是"终点"。

虚数和量子计算机

一个数的平方为负数

如果碰到这个问题"已知一个长方形的长和宽的和是 10，面积是 24。求这个长方形的长和宽"，要怎么求解呢？这个问题其实不难，关键是要思考和为 10、积为 24 这两个数。这个题目通过心算即可得出。

那如果题目是"一个长方形的长和宽的和是 10，面积是 20。求这个长方形的长和宽"，该如何求解呢？

对于这道题，可能难以用心算求解。但是这是一道标准的初中三年级数学题目。将宽度设为 x，长度设为 y，建立一个联立方程，最后即可求出这个二次方程的解。

试想一个长、宽均为 5 的正方形，在此基础上，长方形的长比正方形多 x，宽比正方形少 x。如下图思考求解。这样得出的 $x^2=5$。因为 x 是正数，所以可知 $x=\sqrt{5}$。因此长方形的长是 $5+\sqrt{5}$，宽是 $5-\sqrt{5}$。

试试使用同样的方法求出"和为 10，积为 40 的长方形的长和宽"。但在这个题目求解中，会得出 $x^2=-15$ 这个令人困惑的解。因为不存在一个数的平方为负数。

画图求二次方程的解

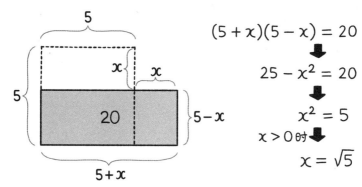

画出一个符合"长和宽的和是 10"这个条件的正方形，
变换形状后画出"面积为 20"的长方形。

意大利的吉罗拉莫·卡尔达诺（1501-1576）在三次方程式的求解运算中有一定影响力，在他的著述《大术（大的技术）》中提到了同样的问题。

但是卡尔达诺并未放弃计算而判断为"无解"，而是类似于根据 $x^2=5$ 可以得出 $x=\sqrt{5}$ 的思路，将"-15"不按逻辑地放进 $\sqrt{}$ 中，根据 $x^2=-15$，而得出 $x=\sqrt{-15}$。

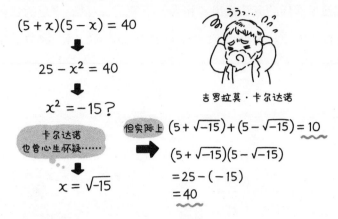

这样求出的答案是 $5+\sqrt{-15}$ 和 $5-\sqrt{-15}$，并且还补充道："如果无视精神层面的痛苦，两个数的相加之和便为 10，相乘之积便为 40。但这只是诡辩而已。数学上虽然已经如此精确了，但无法进行实际应用。"

挑战虚数的天才

卡尔达诺在计算中有点强套逻辑，他本人也不是很积极地肯定虚数的存在，但是《大术》确是人类历史上第一本提及"一个数的平方为负数"的书籍。

而且，"和为 10，积为 40 的两个数字"在现实中是不存在的，因为和为 10 的两个数字的积最大值为 25。

和为 10 的两个数字的积

和为10	…	-2	-1	0	1	2	3	4	5	6	7	8	9	10	11	12	…
	…	12	11	10	9	8	7	6	5	4	3	2	1	0	-1	-2	…
积	…	-24	-11	0	9	16	21	24	**25**	24	21	16	9	0	-11	-24	…

↑
最大值

现在将"平方为负数的数"称为虚数。因为虚数不存在于现实社会中，因此无法如实数一样，在数轴上以点加以表示。

因此法国的勒内·笛卡尔对卡尔达诺提出的"一个数的平方为负数"的判断，予以否认，用法语将其称为"nombre imaginaire"（想象上的数）。这就是表示虚数的英语"imaginary number"的来源。

虚数单位 i

如前文所述，因为笛卡尔的研究和发现是在数式和图形相结合的基础之上，因此难以接受"数轴上无法表现的数"的事实。

但到了 18 世纪，出现了一位天才探寻命题——"虚数＝数轴上无法表现的数"。本书已多次提及这位天才，他就是瑞士的莱昂哈德·欧拉。欧拉将 $\sqrt{-1}$ 定为虚数单位，取"imaginary number"的首字母"i"来表示。接着经过长时间研究后，得出了"欧拉公式"（参考下图）这个"世界上最完美的公式"。

欧拉公式

$$e^{ix} = \cos x + i \sin x$$

加入虚数单位 i

完美

　　但是，即便欧拉对虚数进行了研究，还是很少有人承认虚数的存在。毕竟欧洲地区对于负数的接受也经历了漫长的时间，所以人们对于真实不存在的"想象上的数"抱有疑问也是可以理解的。

高斯的发现

　　一件事情改变了人们对于虚数的理解，那就是丹麦的测量师卡斯珀·威塞尔（1745–1818）和法国的会计师吉恩－罗伯特·阿甘（1768–1822），以及德国的大数学家弗里德里希·高斯相继提出了实数集合的数轴（实轴）和虚数集合的数轴（虚轴）。因为他们主张虚数"存在"于虚轴上，因此虚数第一次实现了"可视化"，广为世人所接受。

　　高斯将实数和虚数的组合称为复数。实数和虚数这两种完全不同的要素组合在了一起，产生了新的数学概念。而且高斯结合实轴和虚轴，将复数和坐标平面上的点进行一一对应的平面称为复数平面。

复数平面

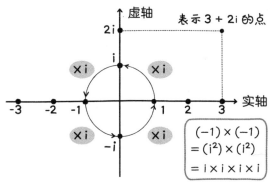

复数平面中 a+bi 这样的复数用（a，b）这个点表示。
因此，1=1+0i 可以用（1，0）表示，i=0+1i 可以用（0，1）表示，
所以乘以 i 之后，得到的点是在原本的点基础上围绕原点逆时针旋转 90 度后形成的。

在复数平面中，将一个数乘以 i，则表示这个数的点以原点为中心，逆时针转 90 度。$i^2=-1$，乘以 -1 之后的数值就是乘两次 i 之后的数值，即表示该数的点逆时针旋转 180 度。因此乘两次 -1 的数值就是将该点绕坐标原点逆时针旋转 360 度，又回到了原本的点。结果是（-1）×（-1）=1（如上图）。

将高斯提出的复数平面和欧拉公式结合之后，两个曲线（三角函数图像：正弦曲线和余弦曲线）可以用一个圆来表示（下一页的图），可以实现将两个现象集中归纳并记录，这也是复数的作用之一。

东京大学的名誉教授畑村洋太郎在其著述《图解数学学习法：让抽象的数学直观起来》一书中写道"复数是一种压缩软件"，这个表达确实形象贴切。

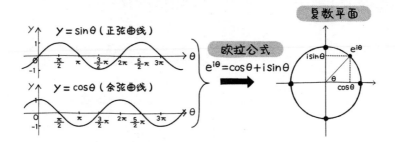

将两条曲线用一个圆表示

通过欧拉公式和复数平面，可以将两个曲线
（正弦曲线和余弦曲线）在一个圆内表示

量子计算机与虚数

在复数平面的帮助下，虚数得以"可视化"，但因为虚数并不是真实存在的数字，所以可能会有人认为虚数的发明探讨没有价值可言。

但是，在研究原子、电子等一千万分之一毫米以内世界的"量子力学"领域，其中最基础的方程式（名为薛定谔方程）中有虚数 i（见下页图，了解即可）。

量子力学所研究的微观世界是超越我们常识范围的领域。

物质带有波和粒子的双重特性，一个物质同时存在于多个空间中。有的物质在真空中产生又消失，有的物质穿越阻碍。要记录这样的物理世界，复数无论如何都是不可或缺的重要因素。

$$i\hbar\frac{\partial \psi}{\partial t} = -\frac{\hbar^2}{2m}\frac{\partial^2 \psi}{\partial x^2} + V\psi$$

虚数单位

量子力学可谓是现代科学技术的基础。如果没有量子力学，就不会有手机与电脑地产生了。例如最近引起热议的"量子计算机"也是如此，顾名思义，指的是应用了量子力学理论而制成的计算机。以前的计算机是使用比特态"0"或"1"的二进制来运算的，但相比而言，量子计算机是通过量子态的"0"和"1"进行超高速运算。甚至可以说，如果没有量子力学，换言之，如果没有虚数，人类无法构建起现代文明。

虚数不仅存在于微观世界内。霍金博士使用"虚数的时间（称为虚时间）"在未破坏爱因斯坦相对论的基础上，成功地解释了宇宙起源。

莱布尼茨的慧眼

在现代物理学中虚数是不可或缺的，但是一定会有人无法理解现实世界根本不存在的数字对记录现实世界的工作的必要性。

1、2、3……这类"自然数"可能是由上帝创造的，所有其余的数，包括负数、小数，都是人类（在当时）为了记录未知世界而引用新概念创造出来的。正如在表示直角等腰三角形的斜边长时需要使用无理数，为了清楚简易地记录微观世界，使用复数这一新概念是必要且方便的。

德国戈特弗里德·威廉·莱布尼茨这样评价虚数：

"虚数是奇妙的人类精神寄托，它好像是存在与不存在之间的一种两栖'动物'。"

因为莱布尼茨比欧拉年长 60 多岁，所以欧拉正式研究虚数，以及在他发表成果的很久以前，莱布尼茨可能就意识到了"一个数的平方是负数"的存在意义。

第6章

了不起的
运算

用幻方锻炼大脑

简单又深奥的数学益智游戏

希腊的毕达哥拉斯曾说"万物皆数",意大利的伽利略·伽利雷曾说"数学是上帝书写宇宙的文字"。确实,数学的严密性和合理性适用于探究宇宙真理。

即使不是科学家,人们为了在日常生活的多种价值观中有逻辑地推出自己的结论,自然不可缺少数学思维能力。随着 IT(应用于网络和计算机中的信息技术)的发展和 AI(人工智能)的兴起,"数字"的存在感逐渐增强。现代人必备统计学知识,这句话已成为老生常谈。

事实上,数字并不是为了所谓的"高尚"而存在的。在游戏中,也大有数学的用武之地。在赌博时,掌握概率运算的方法能助人取胜。许多益智游戏则都是依据数学原理创造而来的。其中,最有名且颇具历史的游戏叫作幻方。

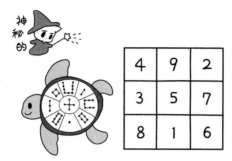

幻方

神秘的

每行、每列、每条对角线上的数字之和都是"15"

幻方指的是，使正方形中每行、每列、每条对角线上数字的和相等的游戏。不过每个数字只能使用一次。例如，上图是 3×3 宫格幻方。其中，每行、每列、每条对角线上的数字之和都是"15"。这种 3×3 宫格幻方称为三阶幻方。一般而言，将 $n×n$ 的宫格幻方称为"n 阶幻方"。

神圣的龟甲纹

将幻方翻边、旋转后未有改变的视为同一幻方，那么，上图中使用 1—9 数字的三阶（3×3）幻方只有一种。从右上角开始往左读的数字顺序可以编成顺口溜来记忆。

另外，我们已经知道使用 1—16 的四阶（4×4）幻方有 880 种，使用 1—25 的五阶（5×5）幻方有 2.7 亿种，使用 1—36 的六阶（6×6）幻方有 1770 京种（1 京是 1 万兆）。随着幻方宫格数增加，幻方的种类也大幅增加。

幻方的发祥地在中国。根据中国的传说，大约在公元前 2000 年，夏朝的开国皇帝禹在"洛水"这一黄河支流巧拾一个龟甲，上面刻着与三阶幻方数字相同个数的点。

此龟被人们视为由天赐予的神圣之龟。"洪范九畴"归纳了 9 条治世良策，据说是因为"神圣之龟"的龟甲纹有 9 个格子。而且"九星术"的占卜术也同样来源于龟甲。现代的人们将幻方当成益智游戏来玩。

起源于中国的幻方是如何传至西方国家的呢？这一路径尚且没有定论，但在 16 世纪，画家阿尔布雷特·丢勒在其作品《忧郁症》中画了含有占卜之意的四阶幻方。

幻方中，只由平方数构成的叫平方幻方，只由质数构成的叫质数幻方，除此以外，还有其他许多类型（在这些幻方中使用的数字自然和一般的幻方不同，其数字不是连续的）。

还有立体的幻方，将 $n \times n$ 宫格的幻方分成 n 等份的立方体中，前后、左右、上下、对角线的和都相等。这种幻方称为立体幻方（或是立体阵）。在下一页中写有 $3 \times 3 \times 3$ 的立体幻方的例子，前后、左右、上下的各个方向，三个数之和都是"42"，大家可以尝试计算一下。

而且，即便是"对角线"，立方体的体对角线（穿过立方体内部的对角线上的三个数：12、14 和 16）上的三个数的和也是"42"。

但是，立方体的面对角线上的三个数（各个面对角线上的三个数如 8、27 和 16）的和不一定都是 42。一般而言，立体幻方中的"对角线"默认是体对角线，不指面对角线。

另外，只要幻方大小不大于 $5 \times 5 \times 5$，就会存在不仅是体对角线上的和相等，面对角线上的和也相等的情况。

立体幻方

法国的皮埃尔·德·费马以及瑞士的莱昂哈德·欧拉也对幻方有所研究。尤其是费马，一心专注于 $4 \times 4 \times 4$ 的立体幻方，但最终未能成功解答。实际上，世界上首位成功解出 $4 \times 4 \times 4$ 的立体幻方的是日本人久留岛义太（1690 左右 −1758）。

和为 42 的幻方

立体幻方

前后、左右、体对角线的三个数字之和均为 "42"

久留岛义太和关孝和（1642−1708），以及建部贤弘（1664−1739）并称为 "三大日本和算家"。久留岛义太在数论和线性代数的领域中的研究，甚至不逊于欧拉和法国的皮埃尔－西蒙·拉普拉斯。但是，因为他酗酒成性，在酒席上荒度时间，便没有了在研究上的雄心，所以生前几乎没有留下著作。久留岛义太的伟大功绩是在他过世后，由弟子们公开的。

幻方"对读者的战书"

专业知识到此为止，接下来请读者朋友们完成下面 4×4 的幻方。希望大家可以当作"大脑体操"来轻松愉悦地完成体验。

但是，如果随便填入数字，是无法成功的，因此在大家做题之前，先了解一下下面这些基础知识。

【基础 1】4×4 的幻方中，每行、每列、每条对角线上四个数字的和一般是 34（原因将在后面展开说明）。

【基础 2】请注意能使用的数字限于 1—16（包括 1 和 16），找到已用的数字之和过大或过小的线，锁定"候补"数字。

向读者发起的战书

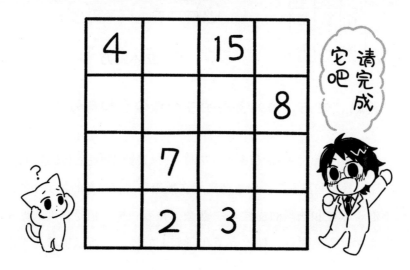

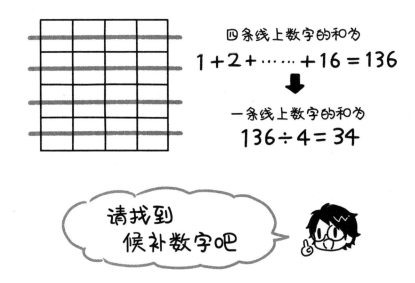

四条线上数字的和为

$$1 + 2 + \cdots\cdots + 16 = 136$$

一条线上数字的和为

$$136 \div 4 = 34$$

请找到
候补数字吧

行、列、对角线上数字的和为"34"，可以按照下文的方法进行思考。

在解四阶幻方时，要在 4×4 的格子中填入 1–16 的数字，1–16 所有数相加的总和为 136。也就是说四条线上数字的总和为 136，所以一条线上的数字和就是 136 除以 4 的数值。

按这个思路，求解 n 阶幻方时，即可推导出行、列、对角线上数字的和均为" $\dfrac{n\,(n^2+1)}{2}$ "（使用数列的求和知识）。

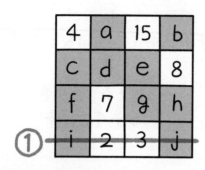

剩余的数字

1				5	6	
9	10	11	12	13	14	16

$i+j = 29$

$\Rightarrow (i,j)=(16,13)$ 或 $(13,16)$

1 在空格中填入a～j。

先看上图①的线，

因为四个数的和为34，所以可知 $i+j$ 和为29。

从格子中其他数字可知，(i,j) 只能从 $(16,13)$ 或 $(13,16)$ 中选一个。

首先假定 $(i,j)=(16,13)$，尝试着手解题。

剩余的数字

1				5	6	
9	10	11	12		14	

$a+d = 25$

$\Rightarrow (a,d)=(14,11)$ 或 $(11,14)$

2 同样的，思考上图②的线。

(a,d) 的值是 $(14,11)$ 或 $(11,14)$ 中的一个。

假定 $(a,d)=(11,14)$，那么 $b=4$，答案不符（4只能使用1次），

因此 $(a,d)=(14,11)$。

4	14	15	b
c	11	e	8
f	7	g	h
16	2	3	13

剩余的数字

1			5	6	
9	10		12		

$$b = 1 \Rightarrow h = 12 \Rightarrow g = 6$$
$$\Rightarrow f = 9 \Rightarrow c = 5 \Rightarrow e = 10$$

③ 到这一步，基于行、列、对角线的和为"34"这一已知内容，剩下的空格就渐渐明了了。右边就是完整答案。

答案

4	14	15	1
5	11	10	8
9	7	6	12
16	2	3	13

完成了！

另外，如果(i, j)=(13, 16)，请按照刚刚提到的思路思考看，就会得出右侧的结果，数字重复了，因此不是正确答案。

4	14	15	1
2	11	13	8
15	7	3	9
13	2	3	16

你知道万能天平吗?

找出假币!

请阅读下页图中的问题。

找出假币!

【问题】

一共有8枚硬币,其中混入了一枚假币。
假币比真币稍重一些。
为了找出假币,我们准备了天平。
那么,为了确保在任何情况下都能找到假币,
至少需要用天平称重几次
才能找出假币呢?

想要认真思考的同学，非常抱歉，我要抢先公布答案了。答案是"两次"。或许有人会感到惊讶："什么？称两次就可以了吗？"具体方法如下所示。

第一次

任选 6 枚硬币，在天平左右两端各放 3 枚，若天平平衡，则假币就在剩下的 2 枚硬币之中。若天平倾斜，则假币就在天平下倾一端的 3 枚硬币中。

第二次

若第一次称重时天平两端平衡，则将剩下的 2 枚硬币分别置于天平的左右两端，向下倾斜的即为假币。若第一次称重时天平倾斜，则在较重一端的 3 枚硬币中取出 2 枚，分别置于天平两端，若天平平衡，则剩下的 1 枚是假币。

那么，如果有 20 枚硬币，情况又会如何呢？即使硬币数量增加到 20 枚，只需使用天平称重 3 次，就必定能够找到假币。

第一次

任选 18 枚硬币，在天平左右两端各放 9 枚，若天平平衡，则假币就在剩下的 2 枚硬币之中。若天平倾斜，则假币就在天平下倾一端的 9 枚硬币之中。

第二次

若第一次称重时天平两端平衡，则将剩下的 2 枚硬币分别置于天平左右两端，向下倾斜的即为假币。若第一次称重时天平倾斜，则将较重一端的 9 枚硬币平均分为 3 份，先取两份置于天平两端，若天平平衡，则假币就在剩下的 3 枚硬币中。若天平倾斜，则假币就在天平下倾的一端。

第三次

第一次称重时天平倾斜，在第二次称重时发现的"混有假币的 3 枚硬币"中，取 2 枚硬币分别置于天平左右两端，若天平平衡，则剩下的那枚就是假币。若天平倾斜，则下倾的那枚就是假币。

实际上，采用相同的思考方法，如果有 27 枚硬币，同样使用天平称重 3 次，就一定能够找到假币。更进一步说，如果有 3^n 枚硬币，则无论如何，使用天平称重 n 次，就可推断出哪枚是假币。除了刚才举的例子之外，请大家务必试着假设不同的硬币数量，多思考一下其他的情况。这也可以成为一种不错的大脑锻炼。

考验数学天赋的问题

与天平相关，这里还有一个希望大家思考的问题。问题如下：

如果要在天平上称出 1-40 克范围内的所有整数克的重量，至少需要准备几个砝码？

了解该问题的人，应该会回答"需要 1 克、2 克、4 克、8 克、16 克、32 克这 6 个砝码"。确实如此，只要使用这 6 个砝码，就能称出 1-40 克范围内所有整数克的重量。具体情况如下页表格所示（表中的"1"表示使用，"0"表示不使用。）

砝码的重量均为 2^n 克（在数学中，$2^0=1$），这才是关键所在。如果有人看到这个表就能联想到二进制计数法的表（第 159 页），那么这个人对数学非常敏感。

我们平时所使用的是十进制计数法，每个数位上的数字为 0-9。而二进制计数法中，每个数位上的数字只能是 0 和 1，0 表示"不使用"，1 表示"使用 1 个"。

例如，用二进制计数法来表示 13，则为"1101"。这意味着可以使用 8 克、4 克、1 克各一个砝码来称出 13 克的重量。而十进制计数法的所有数字都可以用二进制计数法来表示，因此，只要准备 2^n 克的砝码各一个就足够了。

那么，如果准备了 4^n 克的砝码，又会如何呢？在这种情况下，我们考虑使用四进制计数法，即每个数位上的数字是 0—3。

使用 2^n 克砝码的称量方法（2^n 表示 2 的 n 次方）

砝码 \ 重量	1g	2g	3g	4g	5g	6g	7g	8g	9g	10g
1g (2^0g)	1	0	1	0	1	0	1	0	1	0
2g (2^1g)	0	1	1	0	0	1	1	0	0	1
4g (2^2g)	0	0	0	1	1	1	1	0	0	0
8g (2^3g)	0	0	0	0	0	0	0	1	1	1
16g (2^4g)	0	0	0	0	0	0	0	0	0	0
32g (2^5g)	0	0	0	0	0	0	0	0	0	0

砝码 \ 重量	11g	12g	13g	14g	15g	16g	17g	18g	19g	20g
1g (2^0g)	1	0	1	0	1	0	1	0	1	0
2g (2^1g)	1	0	0	1	1	0	0	1	1	0
4g (2^2g)	0	1	1	1	1	0	0	0	0	1
8g (2^3g)	1	1	1	1	1	0	0	0	0	0
16g (2^4g)	0	0	0	0	0	1	1	1	1	1
32g (2^5g)	0	0	0	0	0	0	0	0	0	0

砝码 \ 重量	21g	22g	23g	24g	25g	26g	27g	28g	29g	30g
1g (2^0g)	1	0	1	0	1	0	1	0	1	0
2g (2^1g)	0	1	1	0	0	1	1	0	0	1
4g (2^2g)	1	1	1	0	0	0	0	1	1	1
8g (2^3g)	0	0	0	1	1	1	1	1	1	1
16g (2^4g)	1	1	1	1	1	1	1	1	1	1
32g (2^5g)	0	0	0	0	0	0	0	0	0	0

砝码 \ 重量	31g	32g	33g	34g	35g	36g	37g	38g	39g	40g
1g (2^0g)	1	0	1	0	1	0	1	0	1	0
2g (2^1g)	1	0	0	1	1	0	0	1	1	0
4g (2^2g)	1	0	0	0	0	1	1	1	1	0
8g (2^3g)	1	0	0	0	0	0	0	0	0	1
16g (2^4g)	1	0	0	0	0	0	0	0	0	0
32g (2^5g)	0	1	1	1	1	1	1	1	1	1

二进制计数法

$$13 = \underset{使用1个}{\underset{\overset{8}{\shortparallel}}{1 \times 2^3}} + \underset{使用1个}{\underset{\overset{4}{\shortparallel}}{1 \times 2^2}} + \underset{不使用}{\underset{\overset{2}{\shortparallel}}{0 \times 2^1}} + \underset{使用1个}{\underset{\overset{1}{\shortparallel}}{1 \times 2^0}} = 1101_{(2)}$$

二进制

四进制计数法

$$13 = \underset{使用3个}{\underset{\overset{4}{\shortparallel}}{3 \times 4^1}} + \underset{使用1个}{\underset{\overset{1}{\shortparallel}}{1 \times 4^0}} = 31_{(4)}$$

四进制

数学中定义 $a^0 = 1$

（ ）中的数字表示几进制计数法

用四进制计数法来表示 13，则为 "31"。也就是说，称量 13 克的物品需要使用 3 个 4 克的砝码和 1 个 1 克的砝码。

如果要用 4^n 克的砝码来称量各种整数克的重量，则需要准备每种重量的砝码各 3 个。

如此，如果要用 2^n 克以外的砝码来称量，就会需要数个相同种类的砝码（为了用 a^n 克的砝码来测量整数克的重量，则需要的相同种类的砝码数量与 a 进制计数法中每个数位上的最大数字相同，即 $a-1$ 个），结果就会需要更多的砝码。

纳皮尔与贝切特的学说

需要使用最少的砝码称量重量时，只需各准备一个 2^n 克的砝码即可。顺带一提，最早提出这个想法的便是苏格兰数学家约翰·纳皮尔。但这个想法成立的前提是将需要称量的物体与砝码放在不同的托盘中。

比纳皮尔小 31 岁的法国数学家克劳德·加斯帕·贝切特（1581–1638）提出，"若要用最少的砝码称量重量，只需各准备一个 3^n 克的砝码即可"。实际上，只要有 "$3^0=1$ 克，$3^1=3$ 克，$3^2=9$ 克，$3^3=27$ 克"这 4 个砝码，就可以称量 1–40 克中所有整数克的重量。让我们一起来看一看具体的情况。

也许会有一些读者感到疑惑，"如果 1 克之后就是 3 克，那不就无法称量 2 克的重量了吗？"

然而，即使存在 2 克的物品，也只需将其与 1 克的砝码置于天平的同一端，在另一端放置 3 克的砝码，就可以成功称量其重量。关键是规则得允许把需要称量重量的物体与砝码放在同一个托盘中。

下页的表格中总结了使用 1 克、3 克、9 克、27 克这 4 个砝码来称量 1–40 克中整数克重量的方法，且将需要称量重量的物体放在天平左边的托盘中。表中的"1"表示将砝码放在右边的托盘中，"0"表示不使用砝码，"–1"表示将砝码放在左边的托盘中。

称量 1–40 克中所有整数克的重量，只需使用 4 个砝码就足够了。看到这里，不少读者都会感到惊讶吧。不过，若砝码数量小于 3，是不可能成功的。我会在此展示这一点。

假设这里有 A 克、B 克、C 克的砝码各一个，共有 3 个砝码。每个砝码有 3 种摆放方法可供选择，分别为"放在右边托盘""不使用""放在左边托盘"，那么 3 个砝码共有 $3 \times 3 \times 3 = 27$ 种摆放方法。

但是，因为其中也包含了不使用任何砝码的情况（需要称量的物体重量为 0 克），所以去掉这种情况后就剩下 26 种摆放方法。此外，这 26 种摆放方法中还包含了以下情况：当托盘中只放置了砝码时，一种情况是右边的托盘会比较重，另一种是左边的托盘会比较重。这两种情况的次数相同（参考第 209 页）。

使用 3^n 克砝码的称量方法

砝码 ＼ 重量	1g	2g	3g	4g	5g	6g	7g	8g	9g	10g
1g（3^0g）	1	−1	0	1	−1	0	1	−1	0	1
3g（3^1g）	0	1	1	1	−1	−1	−1	0	0	0
9g（3^2g）	0	0	0	0	1	1	1	1	1	1
27g（3^3g）	0	0	0	0	0	0	0	0	0	0

砝码 ＼ 重量	11g	12g	13g	14g	15g	16g	17g	18g	19g	20g
1g（3^0g）	−1	0	1	−1	0	1	−1	0	1	−1
3g（3^1g）	1	1	1	−1	−1	−1	0	0	0	0
9g（3^2g）	1	1	1	−1	−1	−1	−1	−1	−1	−1
27g（3^3g）	0	0	0	1	1	1	1	1	1	1

砝码 ＼ 重量	21g	22g	23g	24g	25g	26g	27g	28g	29g	30g
1g（3^0g）	0	1	−1	0	1	−1	0	1	−1	0
3g（3^1g）	1	1	−1	−1	−1	0	0	0	1	1
9g（3^2g）	−1	−1	0	0	0	0	0	0	0	0
27g（3^3g）	1	1	1	1	1	1	1	1	1	1

砝码 ＼ 重量	31g	32g	33g	34g	35g	36g	37g	38g	39g	40g
1g（3^0g）	1	−1	0	1	−1	0	1	−1	0	1
3g（3^1g）	1	−1	−1	−1	0	0	0	1	1	1
9g（3^2g）	0	1	1	1	1	1	1	1	1	1
27g（3^3g）	1	1	1	1	1	1	1	1	1	1

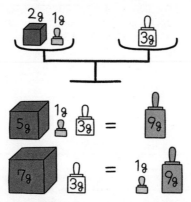

即使只有1克、3克、9克的砝码，
只要使用减法，如 "2=3-1" "5=9-（1+3）" "7=9+1-3"，
就可以称量出2克、5克、7克的重量。

后者的情况发生时，只有在左边托盘里放上质量为负的物体，天平才能保持平衡（注：需要称量的物体必须放在左边的托盘中），这是不可能实现的情况。所以实际上可能存在的称量方法最多只有 26÷2=13 种。如果 26 种摆放方法中还包含了天平左右两端重量相同的情况，又或是虽然摆放方法不同，但可称的重量相同等情况，那么实际上能够使用的称量方法就更少了。

另一方面，由于 1—40 克中的所有整数克共有 40 种，显而易见，想用 3 个砝码称出所有这些整数克的重量，是绝对不可能的。综上所述，第 203 页问题的答案为 4 个。

由于必须将需要称量重量的物品放在左边托盘中，所以下页图②的情况无法称量出物体的重量。

各位或许已经有所察觉，实际上，问题中的 "40 克" 正好等于 1、3、9、27 相加之和。此外，1 克、3 克、9 克、27 克的砝码再加上 3^4=81 克的砝码，就可以称量出 1—121 克中所有整数克的重量。

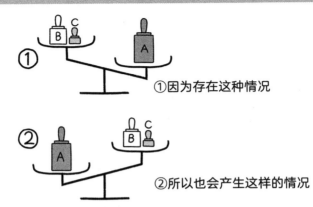

26 种摆放方法中包含无法实现的称量方法

① 因为存在这种情况

② 所以也会产生这样的情况

由于必须将需要称量重量的物品放在左边托盘中，
所以②的情况无法称量出物品的重量。

各准备一个 3^n 克的砝码，可以称量的重量种类就会多到令人惊讶。正因如此，人们把 3^n 克的砝码与天平的组合称为"万能天平"。

81 日元硬币

"万能天平"也可以应用在硬币的制作中。

把使用天平称量的重量视为"商品的价格"，把右边托盘中的砝码重量视为"支付金额"，把左边托盘中的砝码重量视为"商家的找零"。那么在一次购物中，只要准备 3^n 日元的硬币或纸币各一枚，就足以支付任何价钱的商品。当然，前提是支付金额不超过所带的金额。

比如说，若要购买 880 日元的物品，你向商家支付 $3^6=729$ 日元、$3^5=243$ 日元、$3^0=1$ 日元的硬币或纸币各一枚（合计 973 日元），作为找零，商家会补给你 $3^4=81$ 日元、$3^2=9$ 日元、$3^1=3$ 日元的硬币或纸币（合计 93 日元）。

近年来，无现金支付越来越普遍，需要用到现金的场合越来越少，甚至开始流行形状小巧的钱包。我最近也把一直使用至今的长款钱包换成了信用卡尺寸大小的小型钱包，感觉轻便了不少。

但是，偶尔也会遇到只能使用现金支付的店，每当这时，我就会收到大量的零钱，钱包一下子就会变得鼓鼓囊囊。

正因为我们处于这样的时代，才更要提倡这种携带 3^n 日元硬币（或纸币）的方法。美中不足的是，计算应该使用哪种硬币或纸币时会比较麻烦。不过，这样应该可以大幅减少硬币制造的成本。更重要的是，我认为这还可以提高日本国民的数学水平，各位意下如何呢？

把双手变成计算器的方法

要求熟记九九乘法表的国家很少

日本的小学生从二年级就开始学习九九乘法表。可以说，九九乘法表的背诵是算术中的第一道壁垒。利用谐音、双关和押韵来记住"一一得一，一二得二……"，大家应该都有这样的经历吧。但是，从 1×1 到 9×9，强制要求完整熟记九九乘法表的国家，在世界上不多见。

例如，在众多英语国家中，12×12 以内的乘法运算都被整合在一张乘法表中（times table），如下页所示。人们一边对照这张乘法表，一边学习乘法运算。"times"是"乘以"的意思。在美国和澳大利亚，只要顺其自然，在反复使用这张乘法表的过程中记住即可。

×	1	2	3	4	5	6	7	8	9	10	11	12
1	1	2	3	4	5	6	7	8	9	10	11	12
2	2	4	6	8	10	12	14	16	18	20	22	24
3	3	6	9	12	15	18	21	24	27	30	33	36
4	4	8	12	16	20	24	28	32	36	40	44	48
5	5	10	15	20	25	30	35	40	45	50	55	60
6	6	12	18	24	30	36	42	48	54	60	66	72
7	7	14	21	28	35	42	49	56	63	70	77	84
8	8	16	24	32	40	48	56	64	72	80	88	96
9	9	18	27	36	45	54	63	72	81	90	99	108
10	10	20	30	40	50	60	70	80	90	100	110	120
11	11	22	33	44	55	66	77	88	99	110	121	132
12	12	24	36	48	60	72	84	96	108	120	132	144

顺道一提，为什么是 12×12 呢？这是因为 1 英尺 =12 英寸，1 打 =12 个（虽然已被废止，但英国曾经的货币计量单位为 1 先令 =12 便士），是与生活中经常使用的 12 进制相对应的。

禁止使用计算器的日本

在许多国家，学生上了中学之后就可以自由使用计算器。这些国家都未对"熟记九九乘法表"作出强制要求，可能和和也有一定的关联。

国际教育成绩评估协会（IEA）的本部位于阿姆斯特丹。该组织发布的 2015 年国际数学与科学趋势研究（TIMSS）报告显示，以各国教师为对象的调查问卷中，对于"是否允许学生在算术、数学课上使用计算器"这一问题的调查结果如下：在小学四年级阶段，包括日本在内，几乎所有的国家都不允许学生在课堂上自由使用计算器。然而，一旦到了中学二年级，允许学生课上自由使用计算器的国家就会增多。

这或许出于以下考量：当孩子长到 10 岁之后，我们应该要注重培养孩子的逻辑思维能力。在这个时期，与其让孩子进行这种单纯的计算操作，不如让孩子拥有更多的时间和精力去思考各种各样的问题。而在日本，即便到了中学二年级，也只有 6% 的教师会允许学生在课堂上自由使用计算器。说来讽刺，日本制造的计算器遍布世界各国的校园，得到师生们的广泛使用，而日本的学校却几乎都不使用计算器。

即便如此，如果坚持让学生熟记九九乘法表并禁止学生自由使用计算器，可以使该国家的学生拥有更强的数学能力，那么，贯彻这种教育就是有其意义的。然而，非常遗憾，事实并非如此。国际教育成绩评估协会的调查报告显示，根据经济合作与开发组织（OECD）对 OECD 学生的学习能力测评（PISA），来自新加坡、香港等地的学生在 OECD 的数学能力测评中常年名列前茅，而这些国家和地区并未禁止学生自由使用计算器。

此外，根据一项探讨"在教育中使用计算器到底是好是坏"的学术研究，许多报告都显示，活用计算器和电子表格等计算工具可以使孩子们的概念性理解能力得到提高。

欧美国家并没有要求熟记九九乘法表的习惯。据说，当欧美人看到日本人一边念叨着"七八五十六……"，一边笔算三位数乘两位数的样子，他们会觉得非常不可思议："这是在吟唱什么咒语吗？"

"九九"说法的起源

九九乘法表起源于中国。虽然具体发明者不详，但史料记载，公元前 7 世纪，齐桓公（？－公元前 643）在齐国内网罗能够熟记九九乘法表的人才。顺带一提，与现在的顺序相反，当时的乘法表是从"九九八十一"开始的，所以称为"九九"。

据说，九九乘法表于奈良时期传到了日本。人们在当时的出土文物中找到了留有疑似九九乘法表练习痕迹的木制书简。在成书于奈良时代末期的《万叶集》中，也收录了与九九乘法表相关的和歌，其中将"二二"读作"四"，将"十六"读作"四四"，将"二五"读作"十"。

到了现代，日语中仍然存在许多词源跟九九乘法表有关的词汇。例如"四六时中"（来源于 $4 \times 6 = 24$，整整 24 小时→一整天）、"二八荞麦面"（$2 \times 8 = 16$。日本以前一碗荞麦面的价格为 16 文）等，可见，九九乘法表深深根植于日语之中。

自古以来，中国、日本等亚洲国家与印度等国就有要求国民熟记九九乘法表的文化传统（印度要求熟记 19×19 以内的乘法运算）。除了这些国家之外，尤其是在还未发明计算器的时候，其他国家的人们是如何进行乘法运算的呢？他们总不至于会一直随身携带着"乘法表"吧？

熟练掌握手指速算法

15 世纪初，人们想到了一种方法，即使不会背诵九九乘法表，不随身携带"乘法表"，也同样可以进行简单的乘法运算。这种方法叫作手指速算法。

不过，这种手指速算法需要从五指张开的状态（剪刀石头布的"布"——编者注）开始，按照从大拇指到小拇指的顺序依次弯曲手指。下页的图片以左手为例，展示了如何通过弯曲手指来数出各种数字，右手的情况与左手相反，左右对称。

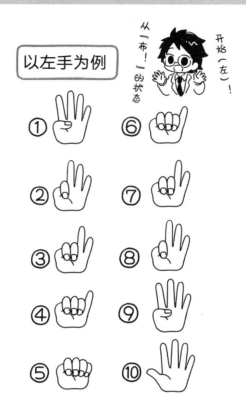

在这里，我以"8×6"为例来说明一下操作顺序。

第1步 通过弯曲手指，用一只手来数出"8"，另一只手则数出"6"。

第2步 将两手中弯曲的手指数量（2和4）相加（2+4=6）。

第3步 用10减去第二步中的结果（10−6=4）。

第4步 将第三步的结果乘以10（4×10=40）。

第5步 将两手中弯曲的手指数量相乘（2×4=8）。

第6步 将第四步和第五步的结果相加（40+8=48）。

最后得出的数值"48"就是"8×6"的结果（见下图）。

这样用文字写出过程，虽然会显得相当啰唆、效率不高，但只要多用手来实际操作几次，就可以快速地算出答案。

补充一下，这种方法只有在计算两个 6 以上的数字相乘时才可使用。据说以前的人不会背诵九九乘法表，当他们需要进行 2×4 之类数值较小的乘法运算时，就会将其理解成 4 个 2 相加，即 2+2+2+2=8。

手指速算法的操作顺序

<第 1 步>

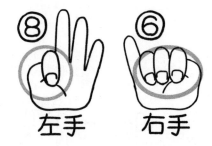

<第 2 步> 将弯曲的手指数量相加

2 + 4 = 6

<第 3 步> 算出与 10 的差

10 − 6 = 4

<第 4 步> 乘以 10

4 × 10 = 40

<第 5 步> 将弯曲的手指数量相乘

2 × 4 = 8

<第 6 步> 将第 4 步和第 5 步的结果相加

40 + 8 = 48

但是，按照这种方法，如果要计算"8×6"，就需要把8个6相加，大脑可能会转不过弯，产生混乱。或许正因如此，人们才发明了手指速算法吧。

顺带一提，如果只涉及九九乘法表"9"的运算，用手指速算法可以更加快捷地算出答案。接下来，我会以"9×3"为例，按步骤进行说明。

第1步 将双手五指张开，手心朝向自己。

第2步 因为要计算"9×3"，所以要弯曲左边的第三根手指（左手的中指）。

手指速算法 第九行

<第1步>

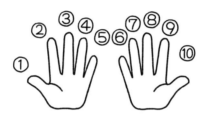

<第2步> 如果是"9×3"，则将编号为③的手指弯曲。

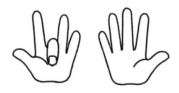

<第3步> 弯曲的手指左边的手指数为十位数，右边的手指数为个位数。

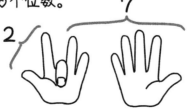

第 3 步 弯曲的手指左边的手指数（2）为十位数，右边的手指数（7）为个位数，则"9×3"等于"27"。

减少"数学过敏者"

作为每天都在指导初高中生和社会人士学习数学的人，我认为让学生笔算三位数 × 三位数、四位数 ÷ 两位数之类的题目根本没有意义。

当学生在解题过程中遇到运算时，我通常会告诉他们"可以用计算器哦"，或者跟他们说"思路是可以的，先往下做吧"。因为我希望他们把用来做笔算的时间拿去多做一道题。

然而，应用题对思维能力的要求比较高，而擅长这种应用题的学生往往拥有超越常人的计算能力，这也是个不争的事实。我还从来没有见到过对计算一窍不通，却拥有敏锐的数学洞察力的孩子。所以还是应该趁着小学的时候让学生多接触一些复杂的计算，让他们觉得"唉，好麻烦啊"，我认为这一点非常重要。

只有当学生心中产生这样的想法时，他们才会开始在计算上多下功夫，思考哪些隐藏在题目中的数字可以使计算变得轻松简单，并探寻这些数字的特征。在此过程中，学生很快就能与数字亲密相处，加强对其特征的理解，从而变得擅长数学。

无论是通过熟记九九乘法表，还是对照乘法表，其实问题都不大。

总而言之，我认为至少在小学期间，还是要让学生去与多种多样的数字接触，拉近彼此的距离，并不断地积累这种经验。如果没有这种"与数字亲近"的感觉，等中学数学中出现"代数式"之后，学生就会愈发感到陌生，觉得事不关己。

我们不能断定拥有强大的计算能力能提高抽象思维能力，因为解决难题的能力不一定与计算能力相关。

正因如此，这才是数学教育的困难之处。只要通过计算，让大脑记住"与数字的亲密关系"，那么面对把数字抽象化而成的代数式时，学生也应该更容易理解并留下印象。这样一来，至少也可以避免出现"数式过敏"式的抵触感了。

两位数相乘的快速心算法

把乘法运算看作面积求解

你能够快速心算 16×13 等于多少吗？在印度，小学生们需要熟记 19×19 以内的乘法运算，而在日本，一般只要求学生记到 9×9 以内的乘法运算。因此，我觉得能够马上心算出 16×13 等于几的人应该为数不多。但是，只要使用图来辅助思考，就能快速算出 19×19 以内的乘法运算。

首先，我们把 16×13 想成是长方形的面积。然后，参照下页图，将长方形分成一个 10×10 的正方形和三个长方形。下一步，将左下的长方形移动到右上。

这样一来，整个长方形的面积就等于 19×10=190 的长方形面积加上 6×3=18 的长方形面积。因为只移动了灰色的长方形，所以移动前后，长方形整体的面积并未发生变化。因此，16×13=190+18=208。

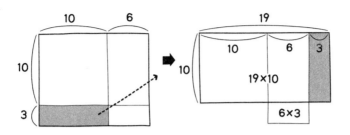

$$(10+a)\times(10+b)=(10+a+b)\times10+ab$$
其他例子：$12\times14=(12+4)\times10+2\times4=168$

如上图所示，我们变换了计算的数字公式，但是通过图形来思考会更加利于想象，不是吗？

总的来说，计算 19×19 以内的两位数乘法，只需经过以下步骤：

步骤 1

将其中一个数与另一个数的个位数相加。

步骤 2

将步骤 1 的结果乘以 10。

步骤 3

在步骤 2 结果的基础上，加上步骤 1 中两个数的个位数的积。

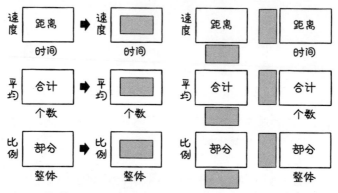

用"面积"来攻略棘手的公式

灵活运用"长 × 宽 = 面积，面积 ÷ 长 = 宽，面积 ÷ 宽 = 长"

按照这个顺序，就可以轻松计算出结果。只要稍加练习，就可以做到快速心算，请大家务必尝试一下。

通过图形来思考乘法运算，这种方法可以有效运用于各种情况。

比如，许多人都对这些公式感到棘手——"距离 ÷ 时间 = 速度""总数 ÷ 个数 = 平均数""部分 ÷ 整体 = 比例"等。其实，只要把这些公式变形为乘法运算，即"距离 = 速度 × 时间""总数 = 个数 × 平均""部分 = 整体 × 比例"，就可以通过图形面积来进行计算，更加容易理解。

如上图所示，将要求的项目标为 ▮▮▮ ，其他两项的算法也就一目了然了。

当然，对于公式，我们不能单纯地死记硬背，而是要切实理解公式证明推导的过程。这对于不能马上反应理解公式变形的人来说，是有助于理解的。

鹤龟算问题的解法

"笼子里有鹤和龟共 10 只，一共有 26 条腿。那么，鹤和龟各有多少只?"这就是"鹤龟算（即鸡兔同笼）"问题。这个问题同样可以通过将乘法运算转换成图形面积来解决。因为每只鹤有 2 条腿，每只乌龟有 4 条腿，由问题可得：

$$2 \times 鹤 + 4 \times 龟 = 26$$

我们用把 2×鹤 和 4×龟 表示为长方形的面积。这样一来，如下图所示，就会形成两个凹凸不平的长方形。这两个长方形面积的和为 26。

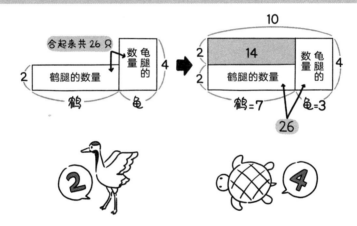

通过图形来思考鹤龟算问题

此外，将两个长方形的长度相加，就是鹤＋龟。由题目可知，该结果为 10。

让我们开动脑筋思考一下。把两个长方形之间凹凸不平的部分填充完整，使其变成一个边缘整齐的长方形。这样一来，就出现了一个长为 10、宽为 4 的大长方形。

因为这个完整的大长方形的面积为 40，因此填充部分的长方形面积（图中灰色的长方形）为 40−26=14。由此可得，鹤有 7 只，龟有 3 只。

当然，即使不通过图形，使用联立方程式也同样可以解决"鹤龟算"的问题。

但是，在方程式的解法出现之前，一般都是通过这种图形法来解决"鹤龟算"问题。

从一维到二维

同理，可以通过图形来求出二次方程的解。

举个例子，大家思考一下"$x^2+10x-75=0$"这个一元二次方程。解题重点是在已知"$x^2+10x-75=0$"的基础上，将"$x^2=x \times x$"和"$10x$"分别看作正方形和长方形的面积。

通过图形来思考二次方程 $x^2+10x-75=0$ 的解法

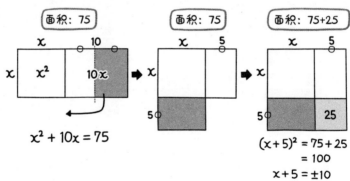

将面积为10x的长方形对半切分，把其中一半移到左下方后，填充凹凸部分，使其形成一个完整的正方形。

如上图所示，并排画出面积为 x^2 的正方形与面积为 $10x$ 的长方形，将长方形对半切分，把其中一半移到正方形下方。接下来，为了让图形整体成为一个边缘整齐的正方形，需要填充一个面积为"$5 \times 5=25$"的正方形（图中浅灰色的正方形）。此时就形成了一个边长为"$x+5$"的大正方形，其面积为"75+25=100"。经过这些步骤，就可以如上页的图形所示，得出 x 的值。

此外，通过这个过程，可以推导出二次方程的求解公式。具体过程总结在下图中，大家可以查看。

通过图形来思考二次方程的求解公式

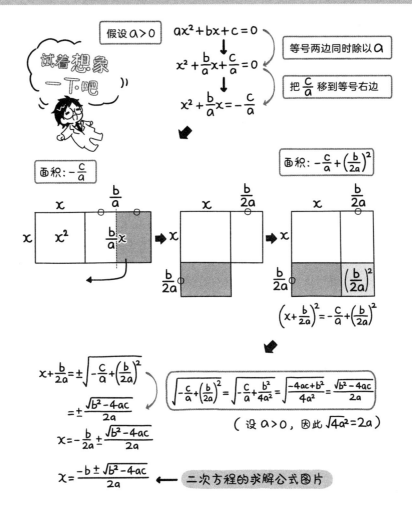

实际上，上一页只是通过图示来展示了一种恒等变形的方法，即配方法。配方法是日本高中数学中出现的一种难度较大的恒等变形方法。通过分析，是不是更容易理解了呢？

　　从乘法联想到面积，涉及从一维到二维的转换。我认为这不仅能形成一种直观的吸引力，同时还能引发丰富的想象。

"+、-、×、÷"是何时诞生的呢?

四则运算符号——鲜为人知的由来

我们一直理所当然地使用着四则运算符号"+、-、×、÷",大家知道人们是从什么时候开始使用这些符号的吗?事实上,这些符号的历史并没有那么久远。"+"与"-"的使用始于15世纪末,而"×"与"÷"的使用是在进入17世纪之后。

距今500多年前,欧洲进入了大航海时代,船舶贸易盛行。由于当时还未发明雷达等导航定位工具,为了保证航行的安全,必须要通过观测天体来确定位置和航向,从而计算和规划航路。如字面意思所示,天文学上的数学计算必不可少。人们迫切希望能够尽量简化这庞杂而繁琐的运算,而数学运算符号正是诞生于这样的背景之下。

"+" 与 "−"

关于 "+" "−" 的起源，有一种说法较为权威，即二者都是随着速记法的发展而产生的。据说，"+" 源于拉丁语的 et（英语：and）（参考上图）。"−" 则是将 minus（减号、负号、消极等）的首字母简化为手写体的结果。

除此之外，也有说法认为 "+" "−" 起源于水手们所使用的标记。水手们从放置在船内的水桶中取水时，就在上面画一条横线（−）。此外，用完之后要往水桶里注水时，就会在之前的横线上加画一条竖线，形成（+）的标记。水桶中的水量减少时使用的 "−" 与水量增加时使用的 "+"，它们分别变成了减法和加法的符号，这就是水手起源说。

"×"

最早开始使用 "×" 的人与最早开始使用 "÷" 的人并不相同。

1631 年，英国数学家威廉·奥特雷德（1574–1660）在其著作中首次使用了"×"号。然而，关于"×"形状的由来却众说纷纭。有的学说认为这是将基督教的十字架倾斜而成，有的学说认为这个形状来源于苏格兰的国旗。说句题外话，奥特雷德也是最先使用三角函数"sin（正弦）"的人。

　　表示乘法运算的符号还有"·"。实际上，用"×"来表示乘法，这种用法在欧洲大陆并不普遍。当时，德国数学家戈特弗里德·莱布尼茨在给瑞士数学家伯努利的信中写道："作为表示乘法运算的符号，我并不喜欢'×'。因为它很容易和'x'产生混淆。我个人会选择用简单的'·'来表示乘法运算，夹在两个数之间。"

　　当时，这种看法占据了主流。之后，随着打字机和电脑的普及，人们渐渐不再用"×"来表示乘法。特别是用英文半角输入数字符号时，"×"与"x"会相似到难辨雌雄，极其容易混淆。事实上，现代的电脑键盘上也并未设有表示乘法的"×"键。在 *Excel* 等电子表格中，输入乘法运算时使用的则是"*（星号）"。

"÷"

　　1659 年，瑞士数学家约翰·海因里希·雷恩（1622–1676）在其著作中首次使用了"÷"号。如下页中的图片所示，据说"÷"号是由分数的表示方法抽象变化而来的。之后，因为得到了英国著名物理学家艾萨克·牛顿的认可和使用，以英国为中心，"÷"号的使用范围不断扩大。

　　此外，表示除法运算的符号还有"/（斜线号）"和"：（比号）"。

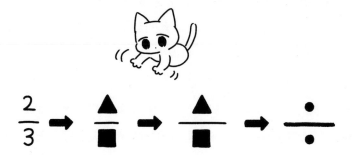

"/"的历史比"÷"还要久远，直到现在也仍广泛应用于世界各地。

据说，17世纪末，莱布尼茨首次用"："来表示除法运算。虽然德国和法国直到今天还在用"："来表示除法运算，但在其他国家，一般都会用"："来表示比。

实际上，普遍使用"÷"的国家并没有那么多。除英国、美国、日本之外，也就只限于韩国、泰国、中国等一部分国家。在除此之外的其他国家，还是"/"比较常用。

2009年，国际标准化组织（ISO）制定了关于数学符号的国际标准"ISO 80000-2"。该标准中明确规定了应用"/"或分数的形式来表示除法运算，并在此基础上清楚地写明了"不应使用 '÷'来作为表示除法的运算符号"。说不定在不远的将来，"÷"就会从世界各国的教科书中消失。

万能大师的执念

你小时候学的第一个运算（数学）符号是什么呢？听到这个问题，大概不少人都会回答是"+"或者"="。但是，仔细想想，"1、2、3……"

等数字也是数学符号的一部分。

英国数理学家伯特兰·罗素这样写道："对于人类来说，要认识到 2 月的 2 和 2 只山鸡的 2 是同一个 2，需要经历漫长的岁月。"无论是 2 月的 "2" 和 2 只的 "2"，还是 2 米的 "2"，抑或是 2 万日元的 "2"，其表示的都是以某种计量单位衡量的 "2 份"。在这一点上，它们的本质是相同的，都表示 "2" 的意思。

由于这个过程需要从一个个具体事例中剔除多余的信息，抽丝剥茧，认清本质，是一种抽象化的行为。因此，这是一种高级的智力活动。

在数学领域，每当有新的数学符号出现，就势必会发生这种抽象化行为。可以说，数学的历史就是符号的历史。只是有一部分人会非常讨厌数式，这或许是因为数式中包括数字在内，全都是由经过高度抽象化的符号所写成的吧。

为什么数学要追求新的概念和新的符号呢？这不仅是因为人们想要用简单的方式来表示观察研究的对象，更是为了不产生混淆，这才是最重要的理由。

本书中屡次登场的莱布尼茨特别执着于数学记号，非常讲究。

在现代，莱布尼茨在许多人心中都是能与牛顿争夺微积分 "发明第一人" 这一宝座的人选。然而，虽然知名度和评价都不如牛顿，但莱布尼茨在世时被誉为 "万能大师" "知识的巨人"，他的名号曾响彻欧洲大陆。

事实上，莱布尼茨不仅在数学上建树颇丰，他在法学、历史学、文学、逻辑学和哲学等多个领域都取得了足以留名后世的卓越成就，是一个千古绝伦的智者。而这样的天才人物也有一项令其为之呕心沥血、奋斗终生的事业。莱布尼茨从 20 岁开始，一直到临终前都在致力于寻找 "将理性的所有真理还原到一种计算中的普遍方法，以及其方法对应的数学符号"。如果莱布尼茨的理想得到实现，那么必须经过大量考查的推论过程就可以简化成单纯的计算流程，并且从理论上杜绝了错误推论的产生。

遗憾的是，莱布尼茨壮志未酬，身已先死。在他死后英国数学家乔治·布尔继承了他的遗志，使莱布尼茨的理想得以在"符号逻辑学"这门学科中开花结果。

为了"正确"理解世界

莱布尼茨发明的微积分符号确实十分优秀。复合函数的微分、反函数的微分、置换积分法（对这些术语不甚了解的读者只需要知道即可），这些难度极高的数学概念中的运算绝非一时，却被成功地用分数加以表达，成为一种机械性的运算操作。

另一方面，牛顿发明的符号虽然看起来简单，却几乎不具备提示性，无法指引计算。

微积分的符号

莱布尼茨式 $\dfrac{dy}{dx}$

复合函数的微分：$\dfrac{dy}{dx} = \dfrac{du}{dx}\dfrac{dy}{du}$　　$\left(\text{类似于}\ \dfrac{b}{a} = \dfrac{c}{a} \times \dfrac{b}{c}\right)$

反函数的微分：$\dfrac{dx}{dy} = 1 \div \dfrac{dy}{dx}$　　$\left(\text{类似于}\ \dfrac{b}{a} = 1 \div \dfrac{a}{b}\right)$

牛顿式 $\dot{x}$

运动方程 $m\ddot{x} = F$（加速度）➡ $\dot{x} = v_0 + \dfrac{F}{m}t$（速度）

通过使用莱布尼茨的微积分符号，可以把包含"复合函数的微分"等高难度概念在内的计算过程化为简单的分数计算，而牛顿的微积分符号虽然看起来简单，却缺乏延展性。

英国数学家查尔斯·巴比奇（1791-1871）作为现代计算机的鼻祖而广为人知。他指出："牛顿发明的微积分符号使英国的数学水平落后了100年。"确实，继牛顿之后，在18世纪的英国，虽然也有数学家做出了成果，但数量却很少。

我们日常生活中所使用的话语在不同场景之下会包含不同的含义。即使是同样的话语，根据场合的不同，也会具有其他的意义。因为这本来就很难定义，就像"左"和"右"一样。

我们使用这样的话语来进行讨论问题，就不可避免地会产生误解。如果使用日常用语，就无法保证逻辑性思考的正确进行，就连支撑这份思考的理性都面临着被诱向错误方向的危险。但是，数学符号仅仅是为了表示某种数学概念而发明出来的，并不具备"多重含义"和"微妙的感觉和差别"。

这意味着只要理解了数学符号的定义以及其使用规则，就不会出错。这就是数学中喜欢使用符号的原因。

人们或许会觉得数学符号冷冰冰的，没有感情。然而，每一个数学符号都是有血有肉的人类所付出的不懈努力与惊世才能的结晶。同时，这些符号里寄托了数学家们的理想，即希望能够通过数学符号，正确地理解世界、记录世界。怀着这种想法去看待数学符号，是不是觉得数学符号的形象一下子就变得比平日里用惯了的日常话语高大了起来，散发着不同的光辉呢？

结　语

　　现在，你对数学的印象是否发生了变化？在本书所介绍的案例中，如果有哪处能让你感叹"原来这也跟数学有所关联啊"，作为作者，我便感到莫大的喜悦。

　　16 世纪以后，数学的概念、理论和方法论不仅被应用于物理学、化学、生物学、天文学等基础学科，还用于工学、农学、医学、经济学等应用学科。除此之外，其应用范围还扩展到了哲学、艺术领域。在现代社会，第四次工业革命（一场各行各业不断开展技术革新的科技革命，催生了 AI、物联网、互联网、纳米科技、自动驾驶等新兴技术）如火如荼，数学的存在感更是与日俱增。

　　从今往后，世界上将不存在任何与数学毫无关联的事物。是否会有这么一天，数学的存在感和用途会扩大到足以支撑这句话呢？从这个意义上讲，数学的"了不起"之处直至今天都仍在继续发展中。

　　本书介绍了毕达哥拉斯、笛卡尔、费马、牛顿、莱布尼茨、欧拉、高斯、康托尔等多位天才数学家的伟大贡献，并说明了他们给数学发展史带来的重大突破及其意义：方程、函数、微积分、集合、概率、统计……此外，本书还介绍了负数、虚数、无限、N 进制等概念以及圆周率和纳皮尔常数（自然常数 e）等不可思议的常数及其巨大影响力。

不仅如此，本书特地在第一章介绍了数学的魅力点之一——"数学之美"，又通过幻方、万能天平等谜题，介绍了"运算"，使读者能够从中体会到数字本身所蕴含的奇妙之处。连我自己都忍不住觉得本书内容颇丰。这也说明了数学这门学问就是如此博大精深、海纳百川。

通过学习物理，我了解了微分和积分的"了不起"之处，这就是我迷上数学的契机。仅需一个名为运动方程的数学表达式，就可以对力学的种种公式进行积分运算。当我知晓这一点时，我感到无比的惊讶和感动，这种感情直到今天都仍然深深地铭刻在我的心中。

对我来说，这件事为我打开了数学世界的大门。在那之后，我发现数学所蕴含的合理性与数学之美无处不在，也学会了把数学教给我的思考方式当作人生之路的指南针。

正是这个数学的"了不起"之处成为契机，使我不断地积累经验，一路走来，这也正是我下定决心要将传播数学的意义和价值作为终生事业的最大原因。

人们常说，想要精通一门外语，最好的办法就是找一位对象国语言为母语的恋人。对数学来说，这种方法也同样有效。高中时期的我就是如此。通过数学的"了不起"之处，我领会了数学的魅力，从此爱上了数学，数学能力自然也就突飞猛进了。

即使不特意摆出"学习"的态度，同样可以享受数学带来的乐趣。但是，如果能够通过学习数学，理解各种各样的公式，一定能更好地体会数学的魅力。

本书在立项企划、题目选定、书稿修改的各个阶段中，均得到了钻石社田畑博文先生的大力支持与指导。在我反复推敲、修改文稿的过程中，田畑先生从读者的角度给予我诸多良策。如果有读者觉得本书很"通俗易懂"，那么田畑先生一定是最大的功臣。在此，我想向田畑先生表示由衷的谢意。此外，为本书的问世而尽心尽力的各位，我想在此对大家表示衷心的感谢。

我真心希望读者们能够通过本书了解数学学问之深奥、充满艺术性的数学之美，以及数学作为一门应用学科所拥有的巨大社会影响力等内容，从而了解数学的"了不起"之处（哪怕只能向你传达其中的一点）。希望本书能够成为为你打开"数学之门"的契机。

二○二○年四月

永野裕之

书　名：《写给所有人的编程思维》
作　者：[英]吉姆·克里斯蒂安
出版社：北京日报出版社
定　价：45.00元

每个人都应该学会编程，因为它教会你思考。

——史蒂夫·乔布斯

　　将生活和逻辑紧密联系在一起，一副骰子、一副扑克牌，甚至一支铅笔、一张纸，让孩子以简单、科学的方式学会编程思维。

　　内容易于孩子理解，每一个编程思维训练都有详细解释，有的还有详细图解，帮助孩子了解编程思维的过程。

　　附有相应插图，彩色印刷，让孩子读起来更加亲切、有趣，容易理解较难的知识点。

书名：《不可思议的烧脑游戏书》

作者：[英] 查尔斯·菲利普斯

出版社：北京日报出版社

定价：45.00 元

英国皇室顾问、知名智力专家查尔斯·菲利普斯人气之作。

源自英国，风靡全球，无数人为之着迷的经典之作！

---

100 个烧脑谜题，60 条健脑知识，让你的思维越来越活跃，让大脑越来越聪明。

附有相应插图，彩色印刷，难度层层递增，同步提升你的记忆力、观察力、专注力逻辑力和想象力，让你练就超强大脑。

随书附"动动脑筋"，进一步拓展和提高记忆力。后附详细解析，全面提升大脑思维能力。

书名：《神奇的逻辑思维游戏书》

作者：[日] 索尼国际教育公司

出版社：北京日报出版社

定价：45.00 元

日本索尼国际教育（Sony International Education）为日本 5~13 岁儿童精心编制的逻辑思维游戏书。

通过 55 堂思维游戏课激活孩子逻辑脑，为孩子未来学习编程打下良好基础。

将生活和逻辑紧密联系在一起，让孩子以简单、科学的方式养成逻辑思维习惯。

内容易于孩子理解，每道逻辑思维题后都附有详细图解，帮助孩子了解每道题的思维逻辑。

附有相应插图，彩色印刷，让孩子读起来更加亲切、有趣，容易理解较难的知识点。

日本久负盛名的脑科学专家茂木健一郎氏倾力推荐。